莫梅森的糕點

大山榮藏

MALMAiSON

MALMAISON
OUVERT

前言

「希望見到顧客喜悅的笑容。」這句話雖說是老掉牙了，但三十年來，我始終秉持著這份心意在製作糕點。

我一直當自己是個做糕點的職工。現在非常流行的法語單字「pâtissier」，原意是「製作麵料的人」，如今已變成糕點師傅的專有名詞了。

兢兢業業地完成工作的糕點師傅，其實是隱身幕後、綠葉型的演員，而擔任主角的通常是品嚐者，說得更明白一點，就是品嚐者的笑容吧！

糕點師傅絕不會站上舞台，卻是一直在思考如何創造出精彩的舞台。

本書介紹的是糕點屋所一一精心設計的舞台裝置。瞧，沒有比這更幸福的事了！剛烘焙出來的糕點，將各位演出的舞台裝飾得多麼多彩多姿啊！

希望本書能孕育出許多的笑容。

大山榮藏

Piémontais

3.000 gianduja
1.000 chocolat
1.200 crème
100 sorbex

Rigoles

Pour 50

1) 5 l lait
652 sucre

Faire blanchir 625 gr de Riz
et faire cuire 45 minutes
avec le lait et le sucre
Mélanger en fin de cuisson
10 oeufs
1 l 1/4 Crème pâtissière
vanille et pomme
au Four 1/2 heure Chaud 240°

Crème Caramel

1) 4 l lait
500 gr sucre sem…
faire bouillir le…
le sucre ci-de…
refroidir.

2) dans une terr…
et 16 oeufs …
légèrement ave…

3) Verser le …
2 en re…
et ensui…

Cuire à…
b…
fo…

將心中的想法、念頭，轉化為設計甜點的靈感。

目錄

2 前言

第一章　彩繪莫梅森三十年的代表性糕點

10 草莓捲 Printemps

14 莫梅森塔 Tarte Malmaison

18 草莓千層派 Mille-feuille

22 楓丹白露 Fontainebleau

26 莫梅森慕斯 Mousse Malmaison

30 迷你花式點心 Petit Four Frais

香橙泡芙／蒙布朗／雙層巧克力泡芙／無花果塔
經典泡芙／榛果泡芙／劇院蛋糕／天鵝泡芙／草莓塔
卡洛琳巧克力泡芙／奇異果塔／船型栗子塔／覆盆子蛋糕
檸檬蛋糕／雙層咖啡泡芙／船型杏仁塔／花籃泡芙

第二章　持續製作不斷創新的糕點

44 洋梨夏洛蒂 Charlotte au Poire

48 杏仁派 Amandine

50 劇院蛋糕 Opéra

54 洋梨甜點 Compote de Poire

56 黛麗絲焦糖蛋糕 Délice Caramel

60 蝸牛泡芙 Choux Escargot

62 椰子香蕉蛋糕 Banane Coco

66 栗子巧克力蛋糕 Le Chocolat au Marron

68 古典美人紅茶蛋糕 Thé Citron

70 蓬蓬捏小蛋糕 Pomponnette

72 錫拉丘茲蛋糕 Syracuse

74 巴斯克奶油蛋糕 Gâteau Basque

76 精緻小餅乾 Four Sec

核桃咖啡酥餅／帕馬森起司餅乾／杏仁權杖餅
紅茶餅乾／椰子酥餅／香橙酥餅／咖啡鑽石餅乾／巧克力鹹酥餅

80 夾心巧克力糖 Bonbons Chocolats

榛果巧克力／抹茶巧克力／開心果巧克力
水果雞尾酒巧克力／栗子巧克力／清涼草莓巧克力

sommaire

84 冰淇淋與冰沙 Glace et Sorbet
開心果冰淇淋／蘋果冰沙／芒果冰沙
草莓牛奶冰淇淋／牛軋糖鍋

86 祝賀＆慶祝用的糕點
法國聖誕節樹幹蛋糕／生日蛋糕
情人節蛋糕／萬聖節蛋糕

第三章　反映時代的糕點

92 焦糖南瓜蛋糕 Caramel Potiron

96 協和蛋糕 Concorde

100 大理石蛋糕 Marbre

102 達克瓦茲蕎麥糕 Dacquoise au Sarrasin

以 12cm 烤模製作小尺寸的大蛋糕

104 芒果覆盆子蛋糕 Mangue Framboise

106 水果夏洛蒂 Charlotte aux Fruits

107 焦糖巧克力蛋糕 Chocolat Caramel

108 歷經時間的考驗，無論是外觀、內在，不變的糕點也都升級了！

第四章　莫梅森的今日與未來

118 白巧克力禮盒蛋糕 Boîte Blanche

122 栗子巧克力 Marron Chocolat

126 紅橙巧克力慕斯蛋糕 Orange Sanguine Chocolat

130 方形巧克力蛋糕 Carré Chocolat

134 香檳蛋糕 Champagne

138 草莓開心果蛋糕 Fraise Pistache

142 反烤蘋果塔 Tarte Tatin

36 大山榮藏訪談 1 當學徒的時候

110 大山榮藏訪談 2 莫梅森三十年

41 大師的頑心 1 以糕點手法製作料理

115 大師的頑心 2 浮世繪風格的富士山

本書使用方法
・本書所使用的雞蛋尺寸全為 L Size。請依據食譜使用全蛋、蛋白、蛋黃。
・本書所使用的奶油，皆為無鹽奶油。
・不同廠牌的烤箱會有不同功能，使用前請先詳細閱讀說明書，正確地操作該機器。
此外，烤製的時間，也可能會隨機種不同而有所不同，請自行加減烤製的時間。

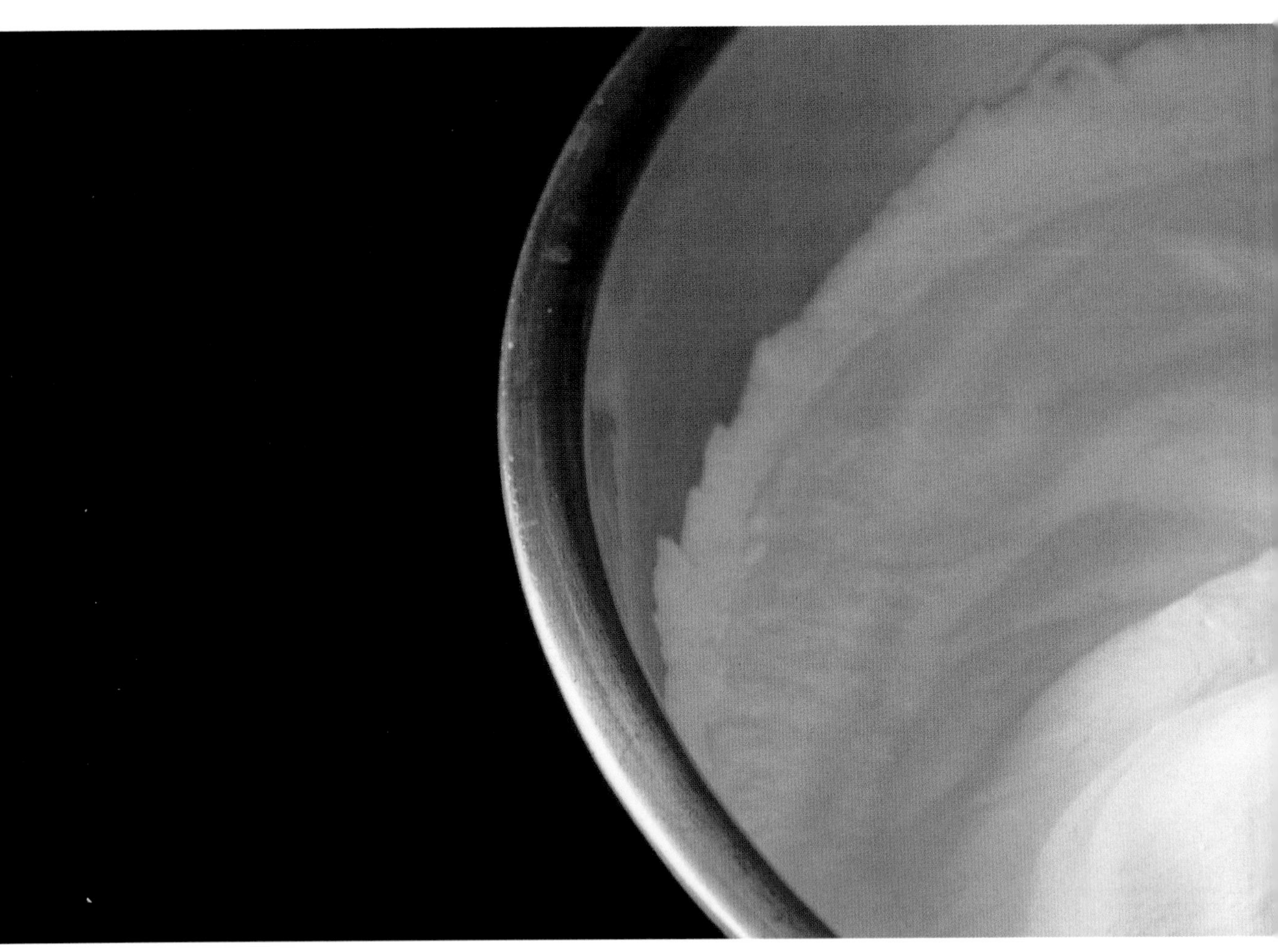

第一章

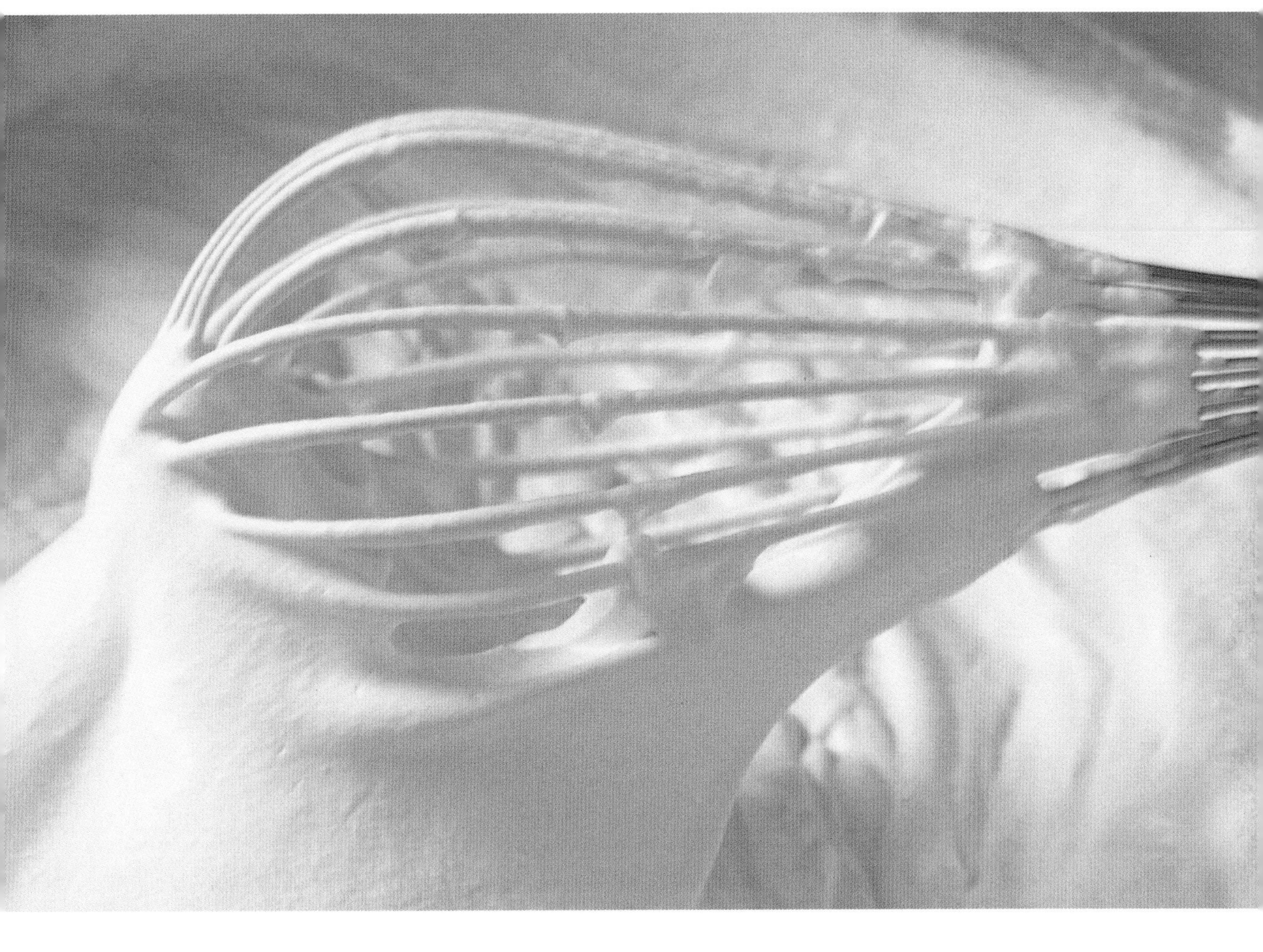

彩繪莫梅森三十年的代表性糕點

一九七七年，已從法國返回日本的大山師傅，在東京成城學園車站前開了一間小小的法式糕點屋。從那時起，大山師傅在近三十年間，創造出無數令人印象深刻的西式糕點。這些糕點擄獲人心，造成話題，成為時代的先驅……

本章中，我們嚴選出六種特別受他的學徒們所推崇的「令人懷念的糕點」，逐一作介紹。

草莓捲 / Printemps

Printemps ／ 寬 8× 高 7× 厚 3.5cm（10 個）

草莓捲

受到蛋糕也要講求健康、控制甜分的時代風氣所影響，
製作出這款「無論味道、外觀都格外凸顯水果主題的蛋糕捲」—Printemps。
這款於口感細緻的分蛋海綿蛋糕中，裹著色彩鮮豔的水果，
加上爽口的優格鮮奶油所完成的糕點，
如今已理所當然地成為水果蛋糕捲的經典了。

分蛋海綿蛋糕（biscuit cuillère）

材料

蛋白　4個份

砂糖　120g

蛋黃　4個

低筋麵粉　100g

作法

1　在盆內放入蛋白，加入一大匙砂糖，以打蛋器打發。待打發的泡沫完全變雪白，再加入剩下的砂糖，並打發至硬性發泡（打發至打蛋器舉起來後，蛋白泡沫不會滴下的程度）。

2　將蛋黃加入，輕輕拌勻，再加入過篩的麵粉後，改以橡皮刮刀迅速地拌勻；攪拌時，注意別讓泡沫消失。

3　將作法**2**放入裝有1cm花嘴的擠花袋中，在烤盤上斜擠成長條狀。放入190℃的烤箱中烤約10至12分鐘。

優格鮮奶油

材料

鮮奶油（乳脂成分45%）　200mℓ

砂糖　15g

原味優格　100mℓ

作法

在盆裡放入鮮奶油和砂糖，讓盆底浸於冰水中，一邊用打蛋器打發。接著，加入優格迅速地拌勻。

糖漿

材料

砂糖　40g

水　50mℓ

黑櫻桃酒或利口酒　15mℓ

作法

將砂糖與水倒入鍋中，在爐火上攪拌，直到糖水煮滾後，將火關掉。放涼後，加入酒。

▶ 完成

完成用材料

黃桃（罐裝）、奇異果、草莓、糖粉、鮮奶油、香草葉（cerfeuil）

作法

1　將分蛋海綿蛋糕切成25×36cm。

2　橫排在鋪好的紙上，塗好糖漿後，再整個薄塗一層優格鮮奶油。

3　將整顆草莓排列在最靠近自己的這一側。隔點距離，依序將切成細長形的黃桃、奇異果、草莓等整齊地排成一列列。上面再塗層鮮奶油，將水果覆蓋起來。

4　利用紙將它捲成條狀，放入冰箱，使鮮奶油和麵料定型。

5　切成一人份的大小，上面撒些糖粉，以打發的鮮奶油擠花，再裝飾水果和香草葉。

莫梅森塔 / Tarte Malmaison

Tarte Malmaison ／直徑 18cm 的塔模（一整塊）

莫梅森塔

三十年前，法國當時尚無法蒐羅到這麼多水果，
這款師傅花費心思所製作的糕點，
我將它冠上令人眷戀不已的店名，名為「莫梅森塔」。
儘管這是博得高人氣的基本款水果塔，
如今不論水果或材料也都比當時容易取得，但卻沒多少人會做，
因而成了令人懷念的味道。

刷糖漿烤過的杏仁片

卡士達醬

酸櫻桃煮糖漿

杏仁奶油醬

分蛋海綿蛋糕

塔皮（pâte à foncer）

材料

高筋麵粉　125g
低筋麵粉　125g
奶油（無鹽）　150g
全蛋　1個
水　150mℓ
鹽　4g
砂糖　6g

作法

1　將高筋與低筋麵粉混合在一起過篩。

2　在盆裡放入奶油，以打蛋器打至乳霜狀（pomade）。

3　在另一盆裡放入蛋、水、鹽、砂糖，拌勻。

4　將作法**3**慢慢加入放有奶油的盆中，以打蛋器充分拌勻。加入麵粉，改用橡皮刮刀拌勻，以保鮮膜包起來放入冰箱醒麵一晚。

酸櫻桃煮糖漿

材料

酸櫻桃【英】sour cherry 罐裝　450g
砂糖　50g
利口酒　50mℓ

作法

將罐頭中的酸櫻桃果實與汁液分開。將酸櫻桃汁與砂糖放入鍋中熬煮，再加入果實，於煮沸時加入利口酒，放涼。

杏仁片烤糖漿

材料

糖漿

砂糖　135g

水　100mℓ

杏仁片　100g

作法

在鍋裡放入砂糖和水，置於爐火上，煮到砂糖融化後，放涼。接著，於杏仁片上刷80mℓ的糖漿，放入180℃的烤箱中，將杏仁片烤至微焦黃色。

卡士達醬（crème pâtissière）

材料

牛奶　500mℓ

香草莢（vanilla beans）　1/2 根

砂糖　100g

蛋黃　4 個

低筋麵粉　40g

作法

1　在銅鍋裡放入牛奶和香草莢，並加入一大匙砂糖，置於爐火上。

2　將蛋黃與剩下的砂糖放入盆裡，以打蛋器打發至蛋液泛白且充分拌勻。再加入過篩的麵粉，充分拌勻。

3　將作法**2**慢慢加入作法**1**煮沸的牛奶中，拌勻。再將它倒回鍋裡，置於爐火上，一邊以打蛋器拌勻，待煮到冒泡時，移離爐火。

4　將作法**3**的鍋底墊在冰塊上，用木棒攪動使之急速冷卻。使用時，以濾網過篩。

杏仁奶油醬（frangipane）

材料

杏仁鮮奶油（creme d'amandes）

杏仁粉　100g

糖粉　100g

奶油（無鹽）　100g

全蛋　1 個

蛋黃　1 個

萊姆酒　20mℓ

卡士達醬　適量

作法

1　製作杏仁鮮奶油。在盆裡放入杏仁粉與糖粉，以打蛋器拌勻，過篩一次。

2　在另一盆裡放入奶油，以打蛋器打至乳霜狀。

3　將作法**1**溶入作法**2**中，再慢慢加入蛋混合均勻後，加入萊姆酒。

4　將四分之一分量的杏仁鮮奶油與卡士達醬（作法參考左欄）混合均勻。

▶ 完成

完成用材料

白蘭地酒漬酸櫻桃【法】griotte

櫻桃甜酒【德】Kirsche、糖粉

作法

1　將塔皮擀成3mm左右的厚度，鋪在烤模裡，以剪刀修齊邊緣多出來的部分。

2　倒入杏仁奶油醬至烤模的八分滿，上面排列糖漬酸櫻桃與白蘭地酒漬酸櫻桃。將它放入180℃的烤箱中，烤約40分鐘。

3　趁熱時，用刷子在作法**2**表面塗一層櫻桃甜酒後，放涼。

4　於杏仁鮮奶油中加入櫻桃甜酒，平抹在作法**3**的表面，再添加兩種櫻桃，撒上刷糖漿烤過的杏仁片。接著撒上糖粉，放入230℃的烤箱中，迅速將表層烤出焦黃色。

草莓千層派／Mille-feuille

Mille-feuille /（10個）

草莓千層派

草莓千層派的缺點，就是放一段時間後，便會失去千層派獨特的口感。
因此，製作千層酥派皮時，應盡可能顧慮到派皮不滲進水果或鮮奶油的水分，
如此用心製作的千層派，即使放到傍晚還是酥酥脆脆的。
猶如哥倫布立雞蛋的故事般創意十足的草莓千層派，
派皮、草莓、鮮奶油各有堅持，才能交織出平衡的美味。

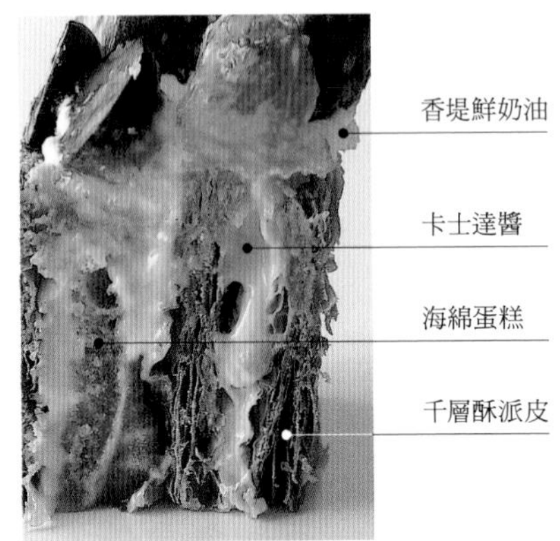

特製千層酥派皮
【法】pâte feuilletée
【英】puff pastry

材料

低筋麵粉　250g
高筋麵粉　250g
鹽　12g
鮮奶油（乳脂成分45%）　250mℓ
奶油（無鹽）　325g

作法

1　在大盆裡放入過篩的低筋、高筋麵粉，並加入鹽、鮮奶油。

2　以刮刀充分拌勻後，以手將麵粉搓揉至無顆粒狀。

3　從盆裡取出麵粉，放到工作檯上再搓揉一會兒；當表面變光滑時，將它揉成糰狀。以刀子在麵糰最上層畫十字，以保鮮膜包起來，放入冰箱醒麵至少兩小時。

4　將奶油裝進厚塑膠袋中，用擀麵棍從上方敲打成15cm見方的正方形後，放入冰箱冷藏。

5　以手指來回按壓作法**3**的麵糰，取下保鮮膜，將麵糰放到工作檯上。

6　將麵糰從十字刀痕處掰開，用擀麵棍從中央往外擀成正方形，並修齊邊緣。

7　將奶油放在麵皮中央，從四方包起來，再將奶油和麵糰揉勻後，擀開。

8　擀成長寬3：1的長條狀，上下邊往中央摺成三褶。轉九十度後，將麵糰往上下擀開，再摺三褶。這樣一共擀五次；過程中必須每次都將麵糰放入冰箱醒麵一會兒再摺。

9　擀成3mm的厚度，放入190℃的烤箱中烤30分鐘。

海綿蛋糕（genoise）

材料

全蛋　4 個
砂糖　125g
低筋麵粉　125g
融化的奶油　25g
＊尺寸大小，LL 或 L

作法

1　在盆裡放入蛋和砂糖，隔水加熱，一邊打發，一邊將手指伸入盆中感覺溫度，加熱至微溫（40℃）即可取出。

2　將作法**1**打發到完全冷卻為止。泡沫要打到以手指沾時，沾在手指上的泡沫和下方的泡沫皆呈三角形的程度。

3　加入過篩的低筋麵粉，改以橡皮刮刀迅速拌勻。

4　攪拌到完全沒有顆粒時，加入已融化的奶油拌勻，再倒入鋪好烤紙的烤模裡，放入180℃的烤箱中烤約25分鐘。

5　將蛋糕從烤模中取出放涼，待完全變涼時拿掉烤紙。

卡士達醬

材料・作法

請參看 P.17 的莫梅森塔

香堤鮮奶油（creme chantilly）

材料

鮮奶油（乳脂成分 45%）　500mℓ
香草莢　適量
砂糖　30g

作法

在盆裡放入鮮奶油與香草莢、砂糖等，並將盆底浸在冰水中，一邊以打蛋器打發。

糖漿

材料

砂糖　80g
水　100mℓ
草莓泥　20g

作法

在鍋裡放入砂糖與水，置於爐火上，一煮沸就移離爐火。放涼後，加入草莓泥並拌勻。

▶ 完成

完成用材料

藍莓、覆盆子、無花果、草莓、果凍膠

作法

1　將千層酥派皮切成40×8cm長方形2片與4×8cm長方形10片。將海綿蛋糕剖成5mm厚的薄片，並切成比派皮略小的長方形。

2　在一片40×8cm的派皮上，薄塗一層卡士達醬，再疊上一片海綿蛋糕。

3　以刷子塗上加了草莓泥的糖漿，再塗一層卡士達醬。

4　疊上第二片40×8cm的派皮，塗一層厚厚的卡士達醬，再鋪一片4×8cm的派皮。以刀子切塊，切口朝上擺放。

5　於最上層薄塗一層香堤鮮奶油，裝飾好水果後，再塗上果凍膠，並插一片環狀的千層酥派皮。

楓丹白露 / Fontainebleau

Fontainebleau ／ 20×20× 高 7cm（一大塊）

楓丹白露

這款樣貌特殊的蛋糕是為取代一般的鮮奶油水果蛋糕（shortcake）而製作的。
以法國糕點為基礎，
將其中的鮮奶油換成符合日本人口味的鮮奶油，
並在麵料中添加杏仁粉，稱得上是極品糕點。
表層塗上慕斯，再烤成焦黃色，
即使是最後加工完成的華麗樣貌，也充滿著原創感。

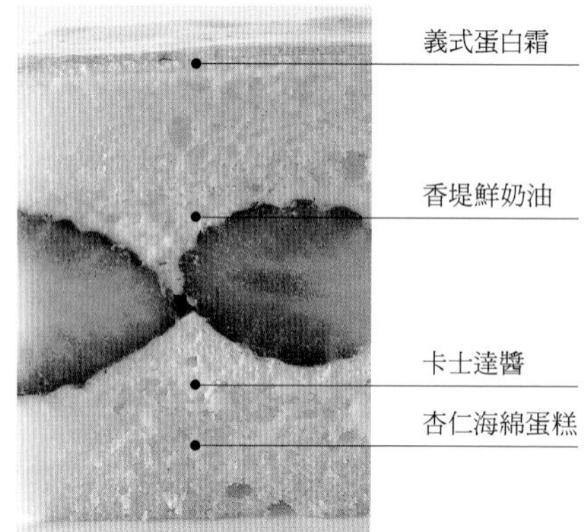

杏仁海綿蛋糕
(genoise aux amandes)

材料

低筋麵粉　80g
杏仁粉　20g
砂糖　100g
全蛋　3 個
融化的奶油　20g

作法

請參見P.21的「海綿蛋糕」。在作法**3**，一起加入杏仁粉與低筋麵粉，以40×20cm的烤模烘烤。

香堤鮮奶油

材料

鮮奶油（乳脂成分 45%） 500㎖
香草莢 少許
砂糖 30g

作法

在盆裡放入鮮奶油和香草莢、砂糖等，並將盆底浸在冰水中，一邊以打蛋器打發。

糖漿

材料

砂糖 100g
水 200㎖
黑櫻桃酒（Maraschino） 30㎖

作法

在鍋裡放入砂糖與水，置於爐火上，一煮沸就移離爐火。放涼後，再加入黑櫻桃酒拌勻。

義式蛋白霜（Meringue Italienne）

材料

砂糖 500g
水 150㎖
蛋白 250g

作法

1 在鍋裡放入砂糖和水，置於爐火上，熬煮至120℃（溫度標準是：取少量煮好的糖漿滴入水中後，用手指將糖漿搓揉成團時，其硬度有如耳垂一般）。
2 趁煮糖漿這段時間，將蛋白放入盆裡，以打蛋器充分打發。
3 一邊將作法**1**的糖漿如絲線般慢慢倒入作法**2**中，一邊用打蛋器繼續打發，充分打發至糖漿全部混合、變涼為止。

卡士達醬

材料・作法

參見P.17 莫梅森塔

▶ 完成

完成用材料

草莓、糖粉、果凍膠、金箔、巧克力等

作法

1 將杏仁海綿蛋糕對切，於其中一片的表面塗上糖漿，並薄塗一層卡士達醬，再疊上香堤鮮奶油。
2 將草莓排列好，加上香堤鮮奶油至草莓的高度，再疊放另一片杏仁海綿蛋糕，然後塗上糖漿、薄塗一層香堤鮮奶油，再薄塗一層義式蛋白霜。撒上糖粉後，以噴火槍（burner）燒出焦黃色，再薄塗一層果凍膠來美化表面。

莫梅森慕斯 / Mousse Malmaison

Mousse Malmaison ／ 直徑 5cm 的小圓烤模（40 個）

莫梅森慕斯

從莫梅森出師的糕點師傅，認為店裡最令人印象深刻、
排名第一的糕點就是「莫梅森慕斯」。
乍看之下雖不起眼，但聞到焦糖的苦味與香氣就教人難以忘懷，
再經過不斷地改良，而變成現今的模樣。
雖然僅是慕斯罷了，
但嚐過就讓人忘不了，留下深刻的印象。

焦糖鮮奶油
柳橙口味的超濃巧克力醬
可可蛋糕

焦糖鮮奶油

材料

鮮奶油（乳脂成分 45%） 250mℓ
砂糖 250g
蛋黃 6 個
吉利丁（gelatin）片 8g
義式蛋白霜＊ 100g
已打發的鮮奶油（乳脂成分 38%） 1000g

＊作法參見 P.25 楓丹白露

作法

1 在鍋裡放入鮮奶油，置於爐火上，加熱到煮沸前。在銅鍋裡放入砂糖，置於爐火上融化，待呈現焦糖色時，加入溫熱好的鮮奶油，再煮一次。

2 將蛋黃放入盆中，再將作法**1**一次倒入後，充分拌勻。再倒回鍋裡，加熱至83℃。將泡開的吉利丁擠去水分，加入材料中並充分拌勻，再以濾網過篩後，放涼至盆摸起來不熱的程度。

3 待作法**2**變涼時，加入已打發的鮮奶油和義式蛋白霜，以橡皮刮刀迅速拌勻。攪拌時，注意不要讓泡沫消失。

可可蛋糕
(biscuit sans farine)

材料

黑巧克力(chocolate noir,可可成分 55%) 40g
可可塊(cacaomas) 10g
蛋黃 4 個
砂糖 75g
蛋白 3 個份

作法

1 在盆裡放入黑巧克力與可可塊,隔水加熱至融化。

2 將蛋黃與5g砂糖放入另一盆裡,以打蛋器充分打勻。

3 在另一盆中放入蛋白,以打蛋器充分打發,待泡沫一變雪白,就將剩餘的砂糖分數次加入,每次都充分拌勻,並打發至硬性發泡。

4 將作法**1**加入作法**2**的盆裡拌勻,再加入作法**3**的蛋白,從最底下迅速拌勻。接著,將它放入裝有1cm花嘴的擠花袋中,擠出直徑5cm的渦卷狀。

5 將作法**4**放入190℃的烤箱中烤10分鐘。

柳橙口味的超濃巧克力醬

材料

牛奶 75mℓ
鮮奶油(乳脂成分 45%) 125mℓ
黑巧克力(chocolate noir,可可成分 55%) 200g
蛋黃 4 個
砂糖 80g
柑曼怡橙酒(Grand Marnier) 80mℓ

作法

1 在鍋裡放入牛奶和鮮奶油,置於爐火上加熱。另將巧克力切碎,放入盆裡備用。

2 將蛋黃和砂糖放入另一盆裡,以打蛋器打至順滑。

3 將作法**1**的牛奶和鮮奶油加入作法**2**中,充分拌勻,再置於爐火上,加熱至83℃。待鍋子摸起來不燙手,加入作法**1**裝有巧克力的盆中,攪拌到濃稠狀,最後加入柑曼怡橙酒。

▶ 完成

完成用材料

巧克力
白巧克力(chocolat blanc)
糖粉

作法

1 將焦糖鮮奶油裝入擠花袋中,擠入小圓烤模至一半高度。擺放可可蛋糕,淋上柳橙口味的超濃巧克力醬(ganache),再將焦糖鮮奶油擠滿整個烤模。

2 以巧克力片及做成冰淇淋匙形狀的白巧克力裝飾,最後再撒上些許糖粉。

Petit Four Frais

迷你花式點心

這是自一九七七年開店以來，莫梅森一直持續製作的招牌點心。
很多人都推崇說：「一提到莫梅森，就不得不提這迷你花式點心。」
開店當時，由於迷你點心大量使用了新鮮奶油和水果，連報章雜誌都經常前來採訪報導呢！

香橙泡芙（choux grand marnier）

作法

1 將泡芙麵料（pate a choux，作法參見P.60）擠成直徑2cm的圓形，放入180℃的烤箱中烤約20分鐘後，放涼。

2 將柑曼怡橙酒加入卡士達醬（作法參見P.17）中拌勻。

3 當作法**1**完全冷卻時，於底部開個洞。將作法**2**裝入擠花袋中，擠進作法**1**中，填滿為止。

4 在鍋裡放入糖漿和少許紅色粉，以小火加熱至40℃至45℃。待紅糖漿煮至濃稠時，將它塗在泡芙表面。

蒙布朗（mont-blanc）

作法

1 將蛋白霜擠成直徑3cm的圓餅，在100℃的烤箱中烤90分鐘後，放涼。將糖漬栗子捏碎，加在圓餅上。

2 在裝有直徑2mm花嘴的擠花袋中，裝入栗子鮮奶油（材料及作法參見P.34的船型栗子塔），將它擠在作法**1**上面。完成時，撒上糖粉，再插上一片白巧克力。

雙層巧克力泡芙
(religieuse au chocolat)

作法

1 將泡芙麵料擠成直徑1cm與2cm的圓形，在180℃的烤箱中烤約20分鐘，放涼。

2 將可可塊切碎，隔水加熱融化。在盆裡放入卡士達醬，與可可碎片充分拌勻。

3 當作法**1**完全冷卻時，於底部開個洞。將作法**2**裝入擠花袋中，擠進作法**1**中填滿。

4 在盆裡放入可可塊，隔水加熱融化至膏狀。在作法**3**的表面塗上可可膏，再將小泡芙疊放在大泡芙上。將奶油淇淋（材料・作法參見P.53的咖啡鮮奶油，不加咖啡精）放入裝有小星形花嘴的擠花袋中，擠在泡芙四周和最上面作裝飾。

無花果塔

作法

1 將塔皮（材料及作法參見P.32）擀成2mm厚度，鋪在塔型烤模中，放入170℃的烤箱中烤約20分鐘。

2 在卡士達醬中加入櫻桃甜酒，擠成圓錐形。上面鋪無花果切片，再塗上一層果凍膠。

經典泡芙
(choux parisienne)

作法

1 將泡芙麵料放入裝有直徑8mm花嘴的擠花袋中，擠成2cm長的橢圓形。在180℃的烤箱中烤20分鐘，放涼。

2 將香堤鮮奶油（參見P.21）以4：1的比例加入卡士達醬中拌勻。擠入作法**1**的泡芙切口裡，在最上面撒上糖粉。

榛果泡芙（chou praline noisette）

作法

1 將榛果放入烤箱中烤到有點焦黃色後，放涼。

2 將泡芙麵料放入裝有8mm花嘴的擠花袋中，擠成5cm長條形。在180℃的烤箱中烤20分鐘，放涼。

3 在盆裡放入卡士達醬，將榛果醬以5：1的比例加入混合，攪拌至順滑。

4 將作法**3**擠入作法**2**的泡芙切口裡，在最上面盛裝榛果，並撒上些許糖粉。

劇院蛋糕（Opéra）

作法

1 在烤模裡鋪上一片杏仁海綿蛋糕（參見P.52），塗上糖漿後，再薄抹一層超濃巧克力醬。

2 於作法**1**再疊放一片杏仁海綿蛋糕，塗上糖漿後，並薄抹一層咖啡鮮奶油（參見P.53）。接著，疊放第三片杏仁海綿蛋糕後，塗上糖漿，再薄抹一層咖啡鮮奶油。

3 放入冰箱冷卻後，再薄淋一層巧克力淋醬（glacage chocolat），切塊。

天鵝泡芙（Swan）

作法

1 將泡芙麵料擠成2cm長的水滴狀，在180℃的烤箱中烤20分鐘後，放涼。以裝有直徑8mm花嘴的擠花袋擠出鵝頭部分，放入150℃的烤箱中烤10分鐘，變酥脆後，放涼。

2 將泡芙切個開口，將香堤鮮奶油放入裝有小星形花嘴的擠花袋中擠入，撒上糖粉。

塔皮（pate sucree）

材料
奶油（無鹽） 200g
砂糖 200g
全蛋 2個
香草精 少許
低筋麵粉 500g

作法

1 在盆裡放入奶油，以打蛋器打至乳霜狀。

2 加入砂糖拌勻，再加入打散的蛋和香草精，以打蛋器充分打發、

草莓塔

作法

1 將塔皮擀成2mm的厚度，鋪在塔型烤模裡。

2 將杏仁鮮奶油（參見P.17）與卡士達醬以3：1的比例混合，擠入作法1中，放入170℃的烤箱中烤20分鐘。

3 放涼後，在上面擠上加了櫻桃甜酒的卡士達醬，放上一顆草莓，再塗一層加了櫻桃甜酒的紅醋栗醬，並在塔邊撒上糖粉。

卡洛琳巧克力泡芙（Caroline Chocolat）

作法

1 將泡芙麵料放入裝有8mm花嘴的擠花袋中，擠成6cm長條狀，在180℃的烤箱中烤20分鐘，放涼。

2 將可可塊隔水加熱融化至膏狀。在盆裡放入卡士達醬，並加上少許可可膏，以打蛋器打至順滑。

3 將作法**2**擠入作法**1**的切口裡，再將剩下的可可膏均勻地塗在泡芙表面上。

奇異果塔

作法

1 將塔皮擀成2mm的厚度，鋪在塔型烤模裡。在170℃的烤箱中烤20分鐘後，放涼。

2 將櫻桃甜酒加入卡士達醬中，擠成圓錐形。將奇異果切片後鋪在上面，並塗上一層果凍膠。

拌勻。

3 將過篩的低筋麵粉全部加入，以刮刀類的工具拌勻。做成一個麵糰後，放入冰箱醒麵至少2小時。

船型栗子塔
（Barquettes au Marrons）

作法

1 製作栗子鮮奶油。在盆裡放入奶油（無鹽）80g，以打蛋器打至乳霜狀。慢慢加入200g的栗子醬混合，最後再加入加熱過的20mℓ萊姆酒，將其全部拌勻。

2 將塔皮擀成2mm的厚度，鋪在船型烤模裡。適量放入切成5mm碎塊的糖漬栗子，然後擠滿杏仁鮮奶油到烤模邊緣處。在170℃的烤箱中烤15分鐘。

3 烤好後，立即以抹刀盛入栗子鮮奶油，並抹成船型。將黑巧克力隔水加熱至融化，淋在表面上，並插上裝飾用的巧克力。

覆盆子蛋糕
（Carre Framboise）

作法

1 在鍋裡放入75g的覆盆子泥加熱，加入15g已去除水分的吉利丁。將覆盆子泥補足100g，再加入糖粉40g、覆盆子酒15mℓ、檸檬汁20mℓ充分拌勻。

2 在盆裡放入已打發的鮮奶油175g，加入作法**1**拌勻，再加入50g的義式蛋白霜迅速拌勻。

3 在烤模裡鋪上3mm厚的杏仁海綿蛋糕，薄塗一層覆盆子泥，再將作法**2**倒入。接著，放入冰箱冷藏定型。

4 將覆盆子泥塗抹在表面上，切成3.5cm的正方形。海綿蛋糕（參見P.21）以濾網過篩後，弄碎、沾附於蛋糕側面，再於最上層放上覆盆子果實。

檸檬蛋糕（Carre Citron）

作法

1 在盆裡放入25g的蛋黃、50g的全蛋、60g的砂糖，以打蛋器拌勻。再加入5g的玉米粉、一整顆磨碎的檸檬皮混合。

2 在鍋裡放入50mℓ的檸檬汁，置於爐火上，將作法**1**加入混合。一煮開就關火，加入40g的奶油攪拌至滑順為止。取其中的180g，加入2g已擠去水分的吉利丁後使之融化，再加入180g已打發的鮮奶油，做成檸檬慕斯。

3 參考覆盆子蛋糕作法**3**、**4**，以檸檬鮮奶油取代覆盆子泥薄抹一層，再淋上檸檬慕斯後，放入冰箱冷藏定型。定型後，於表面塗上果凍膠，並裝飾一小塊檸檬皮。

雙層咖啡泡芙（Religieuse au Cafe）

作法

1 將泡芙麵料擠成直徑1cm與2cm圓形，在180℃烤箱中烤20分鐘後，放涼。

2 將卡士達醬裝入盆裡，加入咖啡精拌勻。

3 當作法**1**完全冷卻時，於底部開個洞，再將作法**2**裝入擠花袋中擠入。

4 在盆裡放入軟心糖（一種半軟糖），加入咖啡精，攪拌至順滑。在作法**3**的表面淋上軟心糖，將小泡芙疊放在大泡芙上。將奶油淇淋放入裝有小星形花嘴的擠花袋中，擠在泡芙周邊和最上面作裝飾。

船型杏仁塔（Amandine）

作法

1 將塔皮（參見P.16）擀成1.5mm厚度，鋪在船型烤模裡。在塔底擠入少許的杏子醬，再擠入滿滿的杏仁鮮奶油。

2 將杏仁片搗碎鋪在最上面，放入180℃的烤箱中烤15分鐘。趁熱時，塗上加熱軟化了的杏子醬。

花籃泡芙（Panier）

作法

1 將泡芙麵料擠成兩兩並排、直徑1cm的圓形，在180℃的烤箱中烤20分鐘，放涼。以裝有5mm花嘴的擠花袋擠出提手部分，在150℃的烤箱中烤10分鐘，放涼。

2 在卡士達醬中加入櫻桃甜酒，以打蛋器打至順滑、拌勻。

3 將作法**2**擠入泡芙切口中，以藍莓裝飾。撒上糖粉後，將提手的兩端沾上果醬，並做成半圓形，黏在泡芙上。

當學徒的時候

大山榮藏開設「莫梅森」糕點屋之前的小傳，
一位糕點師傅的開場白。

二十二歲，留法時拍攝的簽證照片。

Hôtel Plaza-Athénée · 2ème étoile Guide Michelin 1975

在「雅典娜廣場飯店」時的大山師傅（最後一排左邊第二位）。

一有新點子，就立刻記在筆記本上。

■ **踏上製作糕點之路，純屬偶然**

最初，我曾考慮走時尚界，也就是服裝設計。其實，當時對未來還不太有想法，只因為有個崇拜的偶像，希望能像他一樣。他就是目前在全美開設鐵板燒連鎖店，原本是一名日本賽跑選手，也因為是冒險家而家喻戶曉的洛基青木。

在高中畢業後，我考量到將來的出路，因而想從事即使在國外也有發展前途的職業。那時，剛好有個朋友決定就讀「香川營養專門學校」，我便趁此機會跟他一起入學了。這真是很偶然的事啊！當時心想：既然要學料理，就學做法國菜吧！而想學正統的法國菜就得去法國不可，這才開始考慮去法國的事。因為將來有出國唸書的打算，所以我在烹飪學校時格外認真學習。而後，烹飪學校的老師問我：「要不要留下來當助手呢？」我接受了這個邀請，於是擔任了一年的糕點師傅助手。

■ **前往法國**

從烹飪學校畢業之後，我在當時位於東京六本木的「A.Lecomte」找到工作。這家店的主人是法國糕點師傅安德烈．盧康德，店裡經常製作出當時難得一見的正統法式糕點。我在該店了解到許多材料的選擇方式，以及如何避免無謂的浪費等知識。

在「A.Lecomte」工作兩年之後，一九七一年我二十二歲時，決定前往法國。我認為去法國之前應該先學好法語，於是去上了法語專門學校（「Athenee Francais」）的速成班。

要縮短所謂的「經驗」時間，真的很難。但若學會法語，就有可能了，因為可以和技術程度相當的法國人站在同一個出發點開始學習。

在我取得學生簽證之後，就動身前往法國了。最初，我拿到諾曼第的康城大學（Université de Caen）學籍，又在大學上了語言課程後，便打算先找個工作。

在等待入學的期間，我去拜訪了在「A.Lecomte」認識的朋友市原氏，他當時在杜爾市（Tours）工作。恰巧，他工作的那家店的老闆問我：「要不要來我們店裡工作？」我不想錯過這個機會，於是緊急取消大

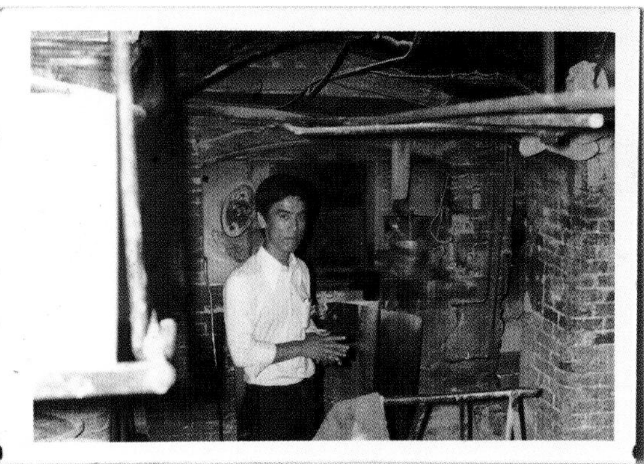

參觀巴黎一家著名麵包店的傳統烤箱。

在製糕點學校製作的點心，我將它拍攝下來，便於自我推銷時派上用場。

學的入學申請，隨後就開始在那家店工作了。

那家店就是「安德烈・伊凱」（音譯）。在這裡工作必須非常謹慎細心，因為店裡充滿著手工感。在這家從以前就是父子代代相傳的老店裡，連設在地下室的烤箱等都是石碳式的。店裡所製作的糕點，也以閃電泡芙（eclair）、草莓千層派（Mille Fueilles）、慕斯、巧克力等經典糕點為主流。由於我在東京曾有過製作法式糕點的工作經驗，對法國人的行事方式並無任何不適應的地方，因此可以好好學習。儘管如此，由於每天都忙於工作，消耗了不少精力。

■ 只專注糕點之事

辭去「安德烈・伊凱」的工作後，我去了一趟瑞士，並取得了柯巴（Coba）製糕點學校的學籍。這是一間只准許有三年糕點工作經驗者入學的學校，也就是專供專業人士就讀的學校。我之所以選中它，是因為在日本就已經提出入學申請了。

一門課程為期兩週，我花了兩個月的時間，分別修完了小型蛋糕（Gateau）、糖雕（Sugar sculpture）、糖果（Confiserie）製作、大型蛋糕（Entremets）等四門課程，並將製作好的作品拍成照片。然後，我帶著這些照片前往巴黎，目的就是為了推銷自己。因為我要向雇主說明：我能製作這樣的糕點，請雇用我。

而雇用我的就是「Mauduit」。當時法國餐飲界受到流行的新派料理（nouvelle cuisine，捨傳統大量使用奶油的方法，而採清淡時鮮蔬果、注重健康的烹調法）的影響，所以「Mauduit」也成為以慕斯、巴伐利亞鮮奶油、席布斯特鮮奶油（creme chiboust）等嶄新口味糕點為主流的店。其中，享負盛名的劇院蛋糕，在當時巴黎的銷售量是屬一屬二的。由於我做過相當多的劇院蛋糕，即使到現在仍印象深刻。

「Mauduit」是一間風氣自由的店，不但積極引進新技術，員工也清一色都是年輕人。即使是新成員製

柯巴製糕點學校是供專業人士進修的學校。我與同學們合影。

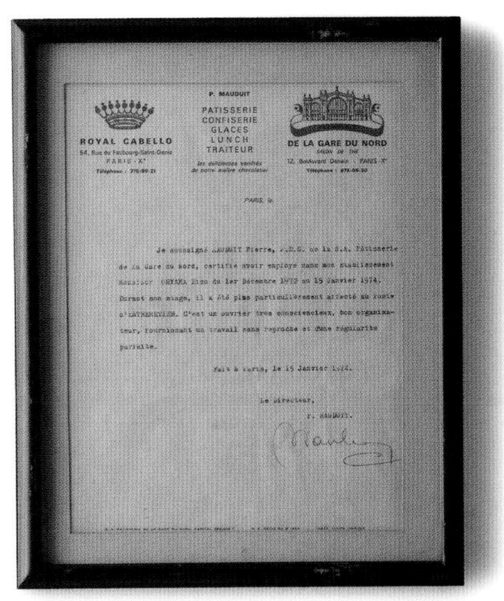

P. MAUDUIT

ROYAL CABELLO
54, Rue du Faubourg-Saint-Denis
PARIS - X°
Téléphone : 770-90-21

PATISSERIE
CONFISERIE
GLACES
LUNCH
TRAITEUR
les délicieuses variétés de notre maître chocolatier

DE LA GARE DU NORD
SALON DE THÉ
12, Boulevard Denain - PARIS - X°
Téléphone : 878-06-30

PARIS, le

Je soussigné MAUDUIT Pierre, P.D.G. de la S.A. Pâtisserie de la Gare du Nord, certifie avoir employé dans mon établissement Monsieur OHYAMA [illegible] du 1er Décembre 1972 au 15 Janvier 1974.

Durant son stage, il a été plus particulièrement affecté au poste d'ENTREMETIER. C'est un ouvrier très consciencieux, bon organisateur, fournissant un travail sans reproche et d'une régularité parfaite.

Fait à Paris, le 15 Janvier 1974.

Le Directeur,
P. MAUDUIT.

在「Mauduit」拿到的就業證明書。

作的糕點，只要是自己下工夫完成美麗裝飾，都會被陳列在展示櫃中，而任何成果都與經驗或膚色無關。因此，這是一份非常令人懷念的工作。

這時，雖然我以法語溝通沒問題，但並非能完全理解。不過，這樣也產生了不錯的結果——或許是心無旁鶩吧！我能將全部的心力放在糕點製作上。當以這樣的心態工作，技術的品質也會相對提升；一旦技術提升，也就更能體驗工作的樂趣了。如果下工夫做出來的成果或創意都能獲得肯定，工作自然就愈來愈有趣了。因此在這段期間，我被賦予各種任務，在一年半內，便做遍了各個崗位的職務了。

日子就這樣一天天過去了。有一天，某位法國籍的前輩辭職了。老實說，真不知是怎麼一回事。由於我正是他實質上的副手，這下主廚不在了，我就必須接手做下去。雖然我的目標是開店，但一向跟著別人學習慣了，如今反過來轉換成要教人的立場，感覺不太對，也只好辭職了。

■ 對傳統古老的方法感到驚奇

接下來工作的店是「Chaton」。這是一間堅持嚴謹製作閃電泡芙、小圓餅馬卡龍（macaron）、烘焙糕點等傳統點心的店。在這間非常古老的店裡，親子三代持續經營了百年以上。

糕點師傅差不多有十位左右，每位都是做了二、三十年的老手，各自長期堅守在自己的工作崗位上。正因為如此，光是小圓餅馬卡龍，就由一位從開店起就負責的、有二十五年資歷的老師傅在製作，所以二十年來口味始終如一。

因為有了之前的經驗，我相當有自信，要讓他們看看我在前一家店所學到的技術。不過，雖然我能體會所謂的傳統或歷史是怎麼回事，但在這家店若是製作新的糕點就會挨罵。而在以前工作的店裡，只要是合理製作嶄新的產品，都會被稱讚說：這個不錯，就用這個方法試試看吧！可是，這家店卻無法接受這樣的事。店主認為：知道創新是好事，但這不是我們這家店的風格。唉，真不知如何是好啊！

在雅典娜廣場飯店的廚房（居中者）。

OGIER, ancien président des Maîtres Cuisiniers de France ; PAUREILHE, président du Syndicat des Patrons Pâtissiers de Paris ; ROMANDE, directeur de l'Ecole de la Chambre de Commerce de la rue Ferrandi ; TRINGAUD, actuel président des Maîtres Cuisiniers de France, etc.

Comment mieux conclure qu'en demandant à tous ces jeunes épris d'un idéal, de persévérer dans une voie largement défrichée par leurs aînés, dont ils n'ont qu'à suivre l'exemple et la ténacité ?

G. JOUNET.

Le Présider remet à Ei son diplôme la médaille des glaciers.

一九七五年在法國糕點大賽「Charles Proust 競賽」中獲獎。

所謂傳統古老的方法，就是每個步驟都得親自動手，任何過程都不假手他人。舉例來說，連杏仁粉也從未採買過，而是在自家廚房從剝杏仁皮開始做起。

我也跟著學會了不做無謂浪費的事。一旦決定要做，就要有效率地準備好所需的材料。我感動地體認到，原來毫無差錯的工作方式，就是這樣啊！

我在這家店受益最大的就是：不論重複做多少次，都要做出同樣的水準，而這是最難的事。真正的專業就是，不論做多少個，成品的品質都能維持一樣。從零開始且不斷反覆、還要每天同樣持續進行細膩的手工作業；乍看之下好像很簡單，但這正是專業人士與業餘愛好者的不同之處。

■ 一個盤子的實力展現

在「Chaton」待了約半年之後，這次打算學甜點，所以換到「雅典娜廣場飯店（Hotel Plaza Athenee）」工作。飯店和一般糕點屋的屬性完全不同。一般糕點屋可將糕點外帶，品嘗方式也隨顧客喜好；硬要有所區分的話，一般糕點屋所製作的糕點是針對大眾的，然而，飯店的糕點卻是針對特地前來的顧客而做，而且通常是搭配在套餐最後的甜點，所以要有畫龍點睛的效果。像沙瓦（sorbet）、舒芙蕾（Soufflé）等，都是希望能讓顧客在最佳賞味狀態下品嘗到，所以從一開始製作就要倒數計時。也就是說，某位客人在用餐，我們就要依他的速度，等到快上那道甜點時才開始做。此外，不但要記住顧客的用餐癖好，依顧客的癖好上菜，還要想著他們的表情來製作糕點──糕點師傅一定要具備這種盡心款待、體貼的心。包括這樣的心情在內，我在這家飯店學到了在餐桌上展現實力、辦宴會的功力。這是我在巴黎最後的學習，之後便決定回日本了。

有個企劃邀請大山師傅玩點不一樣的糕點，
因而他想出「以糕點手法製作套餐」的點子。
如此精彩完成的套餐，不論顏色、質感、形狀都充滿了想像力。
據說，這點子的啟發是來自他留學時期，
在瑞士看過、腦海中還有點印象的冰淇淋義大利麵。
二十幾年後，他再次挑戰「以糕點手法製作料理」。

大師的頑心1 以糕點手法製作料理

白醬魚片

魚肉是將餅乾微烤過後層層疊在一起做成的，四周淋上白巧克力醬。表皮是將泡芙微烤過後撒上糖粉，再用火槍燒烤一下。魚背上肉發黑的部分是巧克力餅乾和果醬。醬汁則是英式卡士達醬。

烤嫩羊肉

肉塊是以巧克力餅乾和小餅乾做成的，看似脂肪的部分則是白巧克力淋醬。骨頭是用泡芙做成的，醬汁是超濃黑巧克力醬加果凍膠。當作配菜的馬鈴薯則是蘋果做成的。

兒童餐

炸雞是在泡芙上鋪滿捏碎的海綿蛋糕後燒烤做成的。漢堡是將巧克力海綿蛋糕和超濃巧克力醬混在一起做出相同的質感；淋醬中還添加白巧克力增色。義大利麵是用全蛋的卡士達醬擠成的。炸物的麵衣也是海綿蛋糕碎屑所製成；淋醬則是用黑巧克力和紅醋栗果醬做成的。

第二章

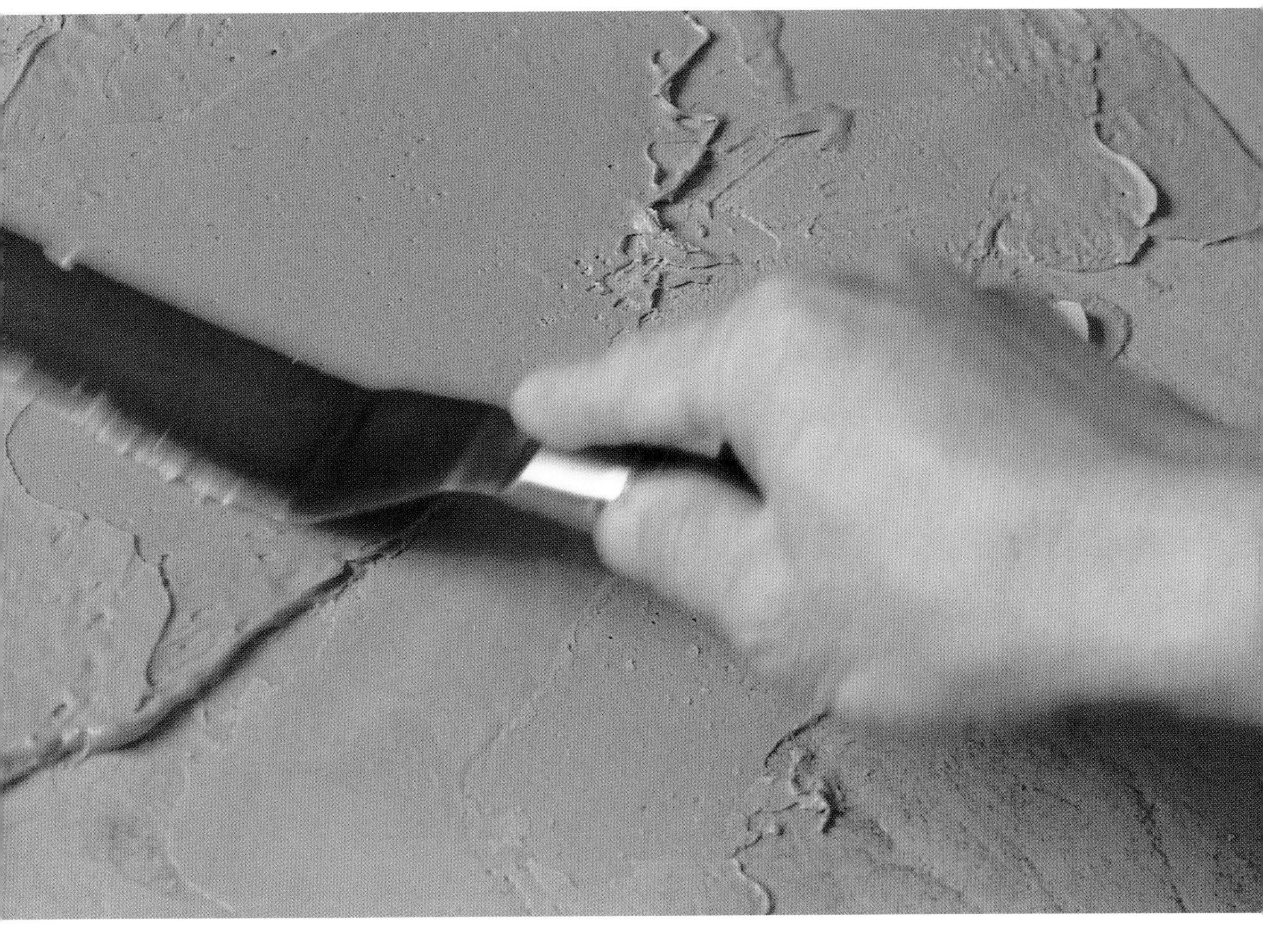

持續製作不斷創新的糕點

在莫梅森的展示櫃中，始終展示著從開店之初就有、或已製作超過二十年以上的基本款糕點。這些糕點堪稱盡現莫梅森精華的縮影。其中，有始終堅持本色的糕點，也有一點一滴逐步變貌中的糕點。以下，讓我們來看看這些糕點「為何一直堅持著本色」，又「為何不斷地在進化」吧！

洋梨夏洛蒂 / Charlotte au Poire

Charlotte au Poire／圓形烤盤（一大塊）

洋梨夏洛蒂

原本就產自法國的甜點「夏洛蒂」，
並非是針對外帶製作的糕點。
特別是在日本，日本人一直對尺寸太厚的蛋糕敬而遠之，
因此，盡量不烘焙得太厚。
蛋糕上面鋪滿水果，裝飾得相當華麗，
通常做成標準的六吋或八吋。
正因為簡樸實在，所以至今還是很受歡迎。

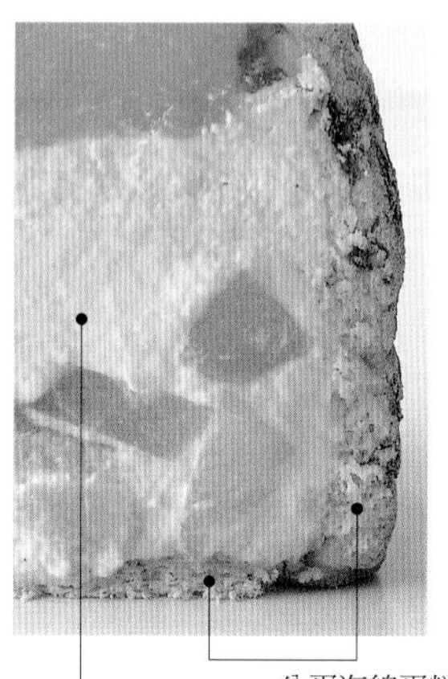

分蛋海綿蛋糕

材料、作法參見P.13的草莓捲。
在作法**3**，將麵料裝入裝有12mm花嘴的擠花袋中擠成長條狀，總寬度55cm，將切碎的巧克力均勻地鋪在上面後，撒上糖粉。放入180℃的烤箱中烤10至15分鐘。

巴伐利亞鮮奶油（bavarois）

材料

牛奶　250mℓ

香草莢　1/2根

蛋黃　4個

砂糖　50g

吉利丁片　6g

已打發的鮮奶油

（乳脂成分38％）　250g

作法

1　在鍋裡倒入牛奶，加上香草莢，置於爐火上溫熱。

2　在盆裡放入蛋黃和砂糖，以打蛋器充分打發。打發的泡沫一旦變雪白，就將作法**1**溫熱好的牛奶慢慢加入拌勻。

3　將作法**2**倒回鍋裡，轉小火慢慢地拌勻，再加熱至83℃變成濃稠的泥狀時關火，加入擠去水分的吉利丁後拌勻融化。以濾網過篩後移至盆裡，將盆底浸在冰水裡冷卻。

4　當作法**3**冷卻變黏糊時，加入已打發的鮮奶油拌勻。

▶ 完成

完成用材料

洋梨（罐裝）、用來染紅洋梨的色素、洋梨酒、糖粉、果凍膠

作法

1　將分蛋海綿蛋糕貼在烤模內側，底部也鋪一層。再將剩下的分蛋海綿蛋糕滿滿地塗上罐裝糖漿和洋梨酒。

2　將巴伐利亞鮮奶油倒至烤模的一半高度，加入切碎的洋梨。然後加入作法**1**蜜漬過糖漿和洋梨酒的分蛋海綿蛋糕，再將巴伐利亞鮮奶油倒滿整個烤模，放入冰箱。

3　在切片的洋梨上撒糖粉，以火槍烤出焦黃色。將作法**2**自烤模取出，最上面鋪洋梨片作裝飾，正中央放上用色素染紅的洋梨切片做成的玫瑰花，再於表面塗一層果凍膠即完成。

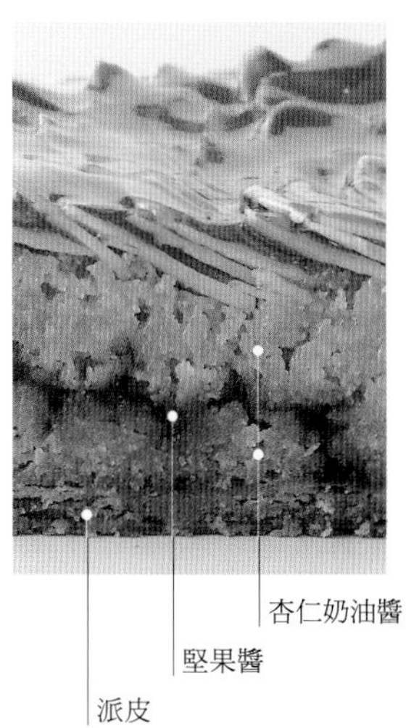

Amandine ／直徑16cm的塔型烤模(一大塊)

杏仁派

正因為作法非常單純，所以是不容馬虎的烘焙糕點。
自開店以來，這款糕點完全堅持本色，
至今仍混合使用義大利、西班牙產的味道香濃、
油分多的杏仁等，
使用嚴選的素材，朝更深奧的味道進化了。

派皮

材料・作法

參見P.16的莫梅森塔。

杏仁奶油醬

材料・作法

參見P.17的莫梅森塔。

▶ 完成

完成用材料

堅果醬（praline paste）
杏仁片、杏子醬、糖粉

作法

1 配合16cm的大圓模具圈將派皮擀平，鋪在模具裡。以叉子叉些氣孔，再以派剪將派皮邊緣剪出斜紋花邊，放入冰箱冷藏。

2 將杏仁奶油醬倒入作法**1**的模具約一半的高度。

3 薄塗一層堅果醬，再將杏仁奶油醬加至模具的八分滿後抹平。

4 將杏仁片從外圍往中心排成螺旋狀，放入180℃的烤箱中烤30～40分鐘。將杏子醬温熱後，塗在烤好的表面上，再於邊緣撒上些許糖粉。

劇院蛋糕 / Opéra

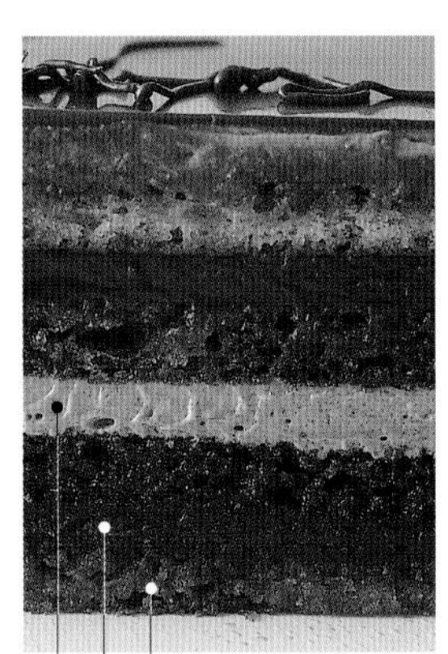

杏仁海綿蛋糕
超濃巧克力醬
咖啡鮮奶油

Opéra ╱ 20×30×高 3.5cm（一塊）

劇院蛋糕

莫梅森的劇院蛋糕，外觀和基本作法幾乎沒變，
但會加上堅果醬等，在細部增加一點口感變化。
誠如大山師傅所言，
他在法國進修期間，便全心投入做了許多劇院蛋糕。
不論目前在莫梅森擔綱，或是從莫梅森出師的師傅們都說：
「對於劇院蛋糕，真是筆墨難以形容啊！」

杏仁海綿蛋糕

材料

杏仁粉　60g
糖粉　60g
低筋麵粉　40g
全蛋　2個
蛋白　120g
砂糖　30g
融化的奶油　20g

作法

1　將杏仁粉、糖粉、低筋麵粉一起過篩放入大盆裡。慢慢地加入已打散的蛋，再以打蛋器拌勻，並充分打發至份量增加一倍的程度。

2　在另一個盆裡放入蛋白，慢慢地加入砂糖，打發至硬性發泡。

3　將作法**2**加入作法**1**中，再加入融化的奶油，以橡皮刮刀迅速拌勻；攪拌時，注意別讓泡沫消失。

4　倒入烤盤，將表面整平，放入230℃ 的烤箱中烤10分鐘。

5　一烤好，從烤盤中取出放涼。

超濃巧克力醬（ganache）

材料

黑巧克力（可可成分55％）
150g
鮮奶油（乳脂成分38％）　225mℓ

作法

將黑巧克力切碎放入盆中。在鍋裡倒入鮮奶油，加熱至煮沸前，再倒入裝有巧克力的盆中，輕輕地拌勻，靜待冷卻。

咖啡鮮奶油
(crème au beurre au café)

材料

奶油（無鹽）　110g
咖啡精　20mℓ
義式蛋白霜＊　120g
＊材料・作法參見 P.25 的楓丹白露

作法

在盆裡放入奶油，以打蛋器充分打至乳霜狀，加入咖啡精，再分數次加入義式蛋白霜拌勻。

糖漿

材料

糖漿　300mℓ
咖啡精　30mℓ
萊姆酒　15mℓ

作法

將糖漿、咖啡精、萊姆酒加在一起攪拌均勻。

巧克力淋醬（glacage chocolat）

材料

黑巧克力　100g
覆淋用巧克力（p　te　　glacer）
300g
花生油　50mℓ

作法

將黑巧克力剁細放入盆裡，隔水加熱至融化。加入覆淋用巧克力、花生油輕輕地拌勻。

▶ 完成

完成用材料

金箔

作法

1　先鋪一片杏仁海綿蛋糕，塗上糖漿後，薄抹一層超濃巧克力醬（ganache）。

2　疊放第二片杏仁海綿蛋糕後，塗上糖漿，再薄抹一層咖啡鮮奶油。疊放第三片杏仁海綿蛋糕後，塗上糖漿，依序交替塗抹、疊放超濃巧克力醬、杏仁海綿蛋糕、糖漿、鮮奶油。

3　將表面整平，放入冰箱稍微冷藏後，將它取出，薄薄淋上一層巧克力淋醬。接著，在蛋糕上擠花、撒上金箔作裝飾。

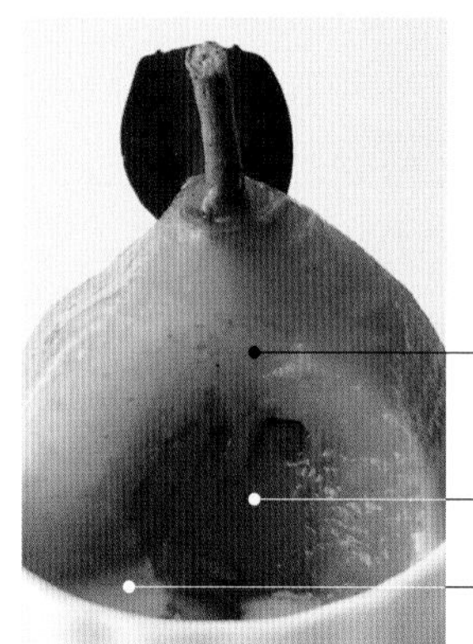

Compote de Poire ／（8個）

洋梨甜點

在巴黎雅典娜廣場飯店時代，
大山師傅經常製作的餐後點心就是洋梨甜點。
自行開店後便朝「能不能改成方便外帶的樣子呢？」發想，
於是製作出這道甜點。
因此，可稱它是飯店點心的改版。

糖煮洋梨

材料

洋梨（la france法國產洋梨） 8顆
水 2ℓ
砂糖 400g
香草莢 1根
柳橙皮 1顆
檸檬皮 1顆

作法

1 洋梨去皮，從底部挖掉梨核。
2 在鍋裡放入水、砂糖、香草莢、柳橙皮、檸檬皮後，放進洋梨。蓋上鍋蓋，開中火，一煮開就轉小火，將洋梨燉煮軟後，靜置一旁放涼備用。

巧克力卡士達醬

材料

牛奶 200mℓ
砂糖 40g
蛋黃 2個
低筋麵粉 16g
香草 1/4根
黑巧克力 20g

作法

參見P.17莫梅森塔的「卡士達醬」來製作。在作法**1**已煮沸的牛奶中，加入切碎的巧克力，使之融化。

香草醬（Vanilla Sauce）

材料

蛋黃 2個
砂糖 40g
牛奶 200mℓ
香草莢 1/4根

作法

1 在盆裡放入蛋黃和砂糖，以打蛋器攪拌至順滑。
2 在鍋裡放入牛奶和香草莢，置於爐火上。一煮沸就一點一點加入作法**1**中充分拌勻。
3 將作法**2**倒回鍋裡，轉小火加熱至83℃，將它移離爐火，過篩後放涼。

▶ 完成

完成用材料

巧克力葉片

作法

1 糖煮洋梨冷卻後，充分瀝去糖水。將巧克力卡士達醬裝入擠花袋中，擠入挖掉梨核的洋梨中。
2 將洋梨放入小圓烤模中，四周淋上香草醬後，再裝飾一片巧克力葉片。

黛麗絲焦糖蛋糕 / Délice Caramel

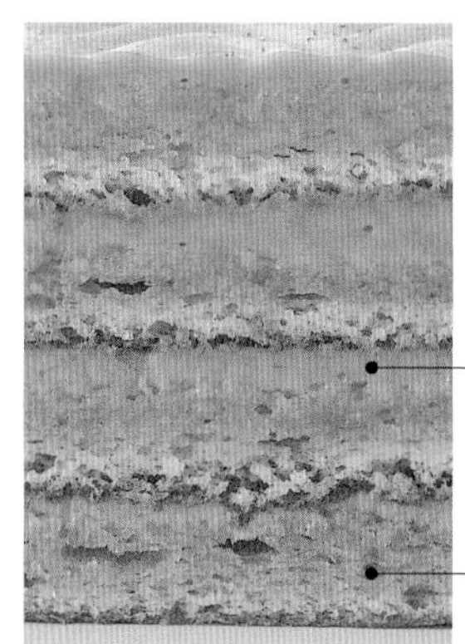

Délice Caramel ╱ 19×28× 高 3.5cm（一大塊）

黛麗絲焦糖蛋糕

將加入焦糖的鮮奶油和杏仁海綿蛋糕層層疊在一起，
是極為講究的簡樸蛋糕。
焦糖的苦澀與甜味、鮮奶油的香濃，以及糖漿中的白蘭地味，
在口中融為一體，散發出一股成熟的韻味。
近來這款糕點也在進化中，鮮奶油裡加入少許「給宏德」（Guérande）海鹽，
增添蛋糕的「現代」風味。

編注：產自法國布列塔尼地區的「給宏德（Sel de Guerande）」天然海鹽，鹽味圓潤輕柔，產量稀少，常作為頂級料理的嚴選調味之用。

杏仁海綿蛋糕 (biscuit joconde)

材料

杏仁粉　60g
糖粉　60g
低筋麵粉　40g
全蛋　2顆
蛋白　120g
砂糖　30g
融化的奶油　20g

作法

1　將杏仁粉、糖粉、低筋麵粉等過篩放入大盆裡。慢慢地加入已打散的蛋，再以打蛋器拌勻，並充分打發至份量增加近一倍的程度。

2　在另一個盆裡放入蛋白，慢慢地加進砂糖，打發至硬性發泡。

3　將作法**2**加入作法**1**中，再加入融化的奶油，以橡皮刮刀迅速拌勻。攪拌時別讓泡沫消失。

4　倒入烤盤中，將表面整平，放入230℃的烤箱中烤10分鐘。

5　一烤好，從烤盤中取出放涼。

鹽味焦糖鮮奶油
（crème au caramel sale）

材料

鮮奶油（乳脂成分45％）　400mℓ
砂糖　200g
奶油（無鹽）　150g
海鹽　3g

作法

1　在鍋裡放入鮮奶油，置於爐火上，加熱到沸騰前。

2　在大鍋裡放入砂糖，以木匙攪拌至融化。變焦糖色並產生泡沫時，一次將作法**1**熱好的鮮奶油全部加入充分拌勻。

3　關火，以濾網過篩後，加入奶油和鹽拌勻。

4　靜靜放涼，待完全冷卻，一邊將盆底浸在冰水裡，一邊以打蛋器打發至乳霜狀。

糖漿

材料

水　100mℓ
砂糖　100g
白蘭地酒　30mℓ

作法

在鍋裡放入水和砂糖煮沸，使砂糖融化。靜靜放涼後，再加入白蘭地酒拌勻。

▶ 完成

完成用材料

銀珠巧克力

作法

1　準備四片杏仁海綿蛋糕，並塗上糖漿。

2　在一片杏仁海綿蛋糕上薄塗一層鹽味焦糖鮮奶油，再疊放一片，如此將四片杏仁海綿蛋糕疊放好後，在整塊蛋糕上薄塗一層鮮奶油。

3　放入冰箱稍微冷藏使表面凝固後，再塗一層鮮奶油，並用鋸齒刀劃出花紋。最後，在蛋糕上裝飾銀珠巧克力。

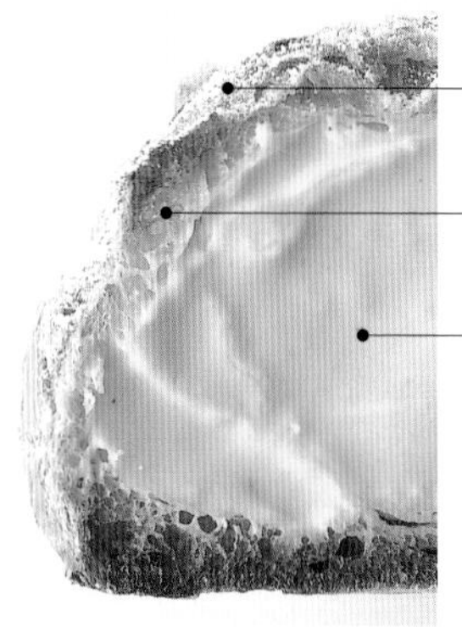

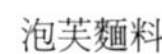

Choux Escargot ／（30 個）

蝸牛泡芙

即使製作泡芙，也別忘了給人一點驚喜。
仔細看這款點心，表面一層層凹凸不平，感覺很香脆可口——
因為泡芙上加了千層酥一起烘焙。
讓人驚嘆「不知是怎麼做出來的！」就是製作這款泡芙的目標。

泡芙麵料

材料

牛奶　150mℓ
水　150mℓ
奶油（無鹽）　90g
砂糖　9g
鹽　3g
低筋麵粉　150g
全蛋　300mℓ（和牛奶、水等量）

作法

1　在鍋裡放入牛奶、水、奶油、砂糖、鹽等，置於爐火上。

2　一煮開就關火。將過篩的低筋麵粉全部加入，以打蛋器充分拌勻。打至無麵粉顆粒狀時，再置於爐火上，改以木匙充分拌勻。

3　當鍋底出現薄膜時，即可倒入盆裡。

4　慢慢加入打散的蛋汁，並充分拌勻至順滑。蛋汁要全部加入，也可視情況稍微調整麵料的量。

千層酥派皮

材料

高筋麵粉　250g
低筋麵粉　250g
鹽　12g
奶油（無鹽）　50g
冷水　250mℓ
無鹽奶油（裹在麵糰裡）　325g

作法

參見P.20草莓千層派中的作法來製作。在作法**1**，是以加奶油和水來取代鮮奶，並將麵粉撒在奶油上，搓揉至光滑為止。

卡士達醬

材料・作法

參見 P.17 的莫梅森塔。

▶ 完成

完成用材料

杏仁片、已打發的鮮奶油、全蛋
方糖、糖粉

作法

1　取必要量的千層酥派皮，以擀麵棍擀成1～1.5mm的厚度。

2　將全蛋蛋汁塗在整個派皮上，用手將杏仁片掰碎撒在上面，捲成筒狀後，放入冰箱冷藏使之變硬。

3　將泡芙麵料裝入裝有直徑1cm花嘴的擠花袋中，在烤盤上擠成5cm的圓形。於表面塗蛋汁，將千層酥派皮輪切成2mm寬，然後鋪放在泡芙麵料上，在180℃的烤箱中烤20～30分鐘。當烤至焦黃色，就打開烤箱的換氣口5分鐘，讓泡芙變乾。

4　將卡士達醬與已打發的鮮奶油以4：1的比例混合。待泡芙完全冷卻時，從底部擠入，再於最上面撒上糖粉。

椰子香蕉蛋糕 / Banane Coco

Banane Coco / 10×38cm（4塊）

椰子香蕉蛋糕

總覺得這是一款夏天印象的糕點。
最初只有香蕉口味的巴伐利亞鮮奶油而已，
但隨著製作更精緻化，
演變成現今椰子蛋糕與椰子慕斯的組合。
先不說椰子的風味與香蕉甜味有多麼地搭配，
就連蛋糕剖面的構圖也非常講究。

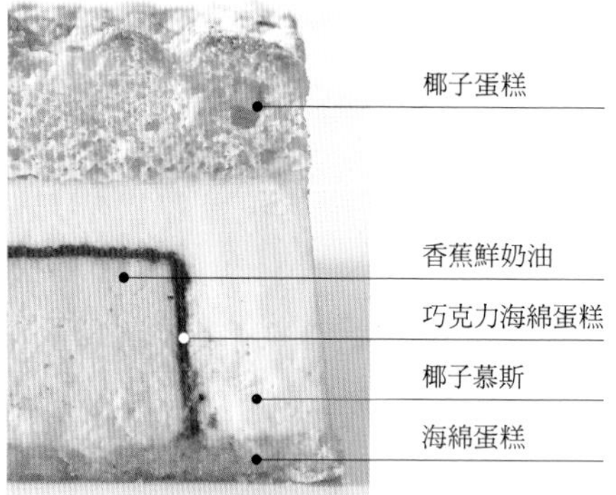

椰子蛋糕
（jet biscuit coco）

材料

蛋白　4個份
砂糖　125g
蛋黃　4個
低筋麵粉　100g
椰子粉、糖粉　各適量

作法

1　在盆裡放入蛋白，再加入一大匙的砂糖，以打蛋器打發。打發的泡沫一變雪白，就加入剩下的砂糖，充分打發至硬性發泡。

2　分數次加入蛋黃，每次都輕輕拌勻；再加入過篩的低筋麵粉，改以橡皮刮刀迅速地拌勻。攪拌時，注意別讓泡沫消失。

3　將作法**2**裝入裝有直徑1cm花嘴的擠花袋中，擠出1cm的角狀共30×40cm，撒上椰子粉與糖粉。

4　放入190℃烤箱中烤12至15分鐘，烤至呈焦黃色。

香蕉鮮奶油
（Creme Banane）

材料

香蕉醬　200mℓ
檸檬汁　20mℓ
鮮奶油（乳脂成分45％）　200mℓ
蛋黃　4個
砂糖　60g
吉利丁片　20g
已打發的鮮奶油（乳脂成分38％）400g

作法

1　在鍋裡放入香蕉醬和檸檬汁拌勻，再加入鮮奶油，置於爐火上煮沸。

2　在盆裡放入蛋黃與砂糖，以打蛋器充分拌勻。加入作法**1**並拌勻，以濾網過篩後放回鍋中，再置於爐火上加熱至83℃。接著，加入擠去水分的吉利丁，使之融化。

3　作法**2**放涼後，即加入已打發的鮮奶油，並迅速拌勻。

4　倒入8×40cm的棒狀烤模裡，冷卻後定型。

椰子慕斯（mousse coco）

材料

椰子泥　165g
原味優格　50g
義式蛋白霜＊　60g
吉利丁片　10g
椰子酒　15mℓ
已打發的鮮奶油（乳脂成分38％）
300g

＊材料．作法參見 P.25 楓丹白露

作法

1　在鍋裡放入三分之一份量的椰子泥，加入擠去水分的吉利丁，使之融化。再將剩下的椰子泥及優格加入拌勻。

2　加入椰子酒與已打發的鮮奶油迅速拌勻，再加入義式蛋白霜拌勻。攪拌時，注意別讓泡沫消失。

海綿蛋糕（genoise）

材料．作法

參見P.21的草莓千層派。

巧克力海綿蛋糕（genoise chocolat）

材料

低筋麵粉　100g
可可粉　20g
砂糖　125g
全蛋　4個
融化的奶油　25g

作法

材料．作法參見P.21的草莓千層派。在作法**3**，將低筋麵粉與可可粉一起過篩加入。

糖漿

材料

糖漿　100mℓ
椰子酒　30mℓ

作法

將糖漿與椰子酒混合。

▶ 完成

完成用材料

已打發的鮮奶油、椰子粉等

作法

1　將海綿蛋糕切成1cm厚度的片狀，鋪在長方形烤模底部，並塗上糖漿。

2　將巧克力海綿蛋糕切成5mm厚度、香蕉鮮奶油切成高3cm的塊狀，於香蕉鮮奶油表面薄鋪一層已打發的鮮奶油，再將巧克力海綿蛋糕貼在香蕉鮮奶油的兩側和表面。

3　將作法**2**已貼上巧克力海綿蛋糕的香蕉鮮奶油盛放在長方型烤模的中央，將可可慕斯倒滿至烤模邊緣，靜待冷卻定型。

4　在作法**3**上面薄塗一層已打發的鮮奶油，擺好椰子蛋糕後，撒上糖粉，再以椰子粉等做裝飾。

Le Chocolat au Marron ／直徑18cm圓型（一大塊）

栗子巧克力蛋糕

帶內皮的糖漬栗子，沒有糖漬栗子那麼甜，
也較不會影響巧克力的風味，兩相交織成精彩的甜點樂章。
再於其中加入超濃巧克力醬，更增添口感的變化。
最推薦的吃法是將蛋糕稍微加熱，使超濃巧克力融化後再品嚐。

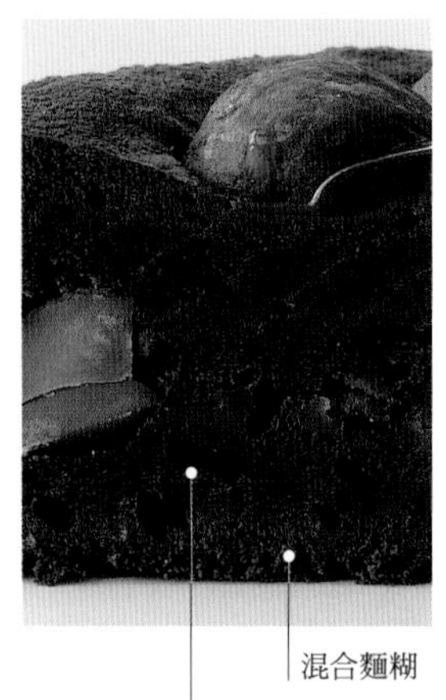

混合麵糊
冰涼超濃巧克力醬

混合麵糊（appareil）

材料

奶油（無鹽）　80g
黑巧克力（可可成分55％）100g
可可粉　40g
糖粉　40g
鮮奶油（乳脂成分45％）　50mℓ
蛋黃　4個
低筋麵粉　30g
蛋白　100g
砂糖　50g

作法

1　在盆裡放入奶油，以打蛋器充分打至乳霜狀。接著，將巧克力隔水加熱至40℃，倒入裝有奶油的盆中拌勻。

2　在作法**1**中分別加入可可粉、糖粉、鮮奶油及蛋黃等充分拌勻。再加入過篩的低筋麵粉，改用橡皮刮刀拌勻。

3　另一個盆裡放入蛋白，將砂糖分數次加入，並以打蛋器打發至硬性發泡為止。

4　將作法**3**分二至三次加入作法**2**中迅速拌勻；攪拌時，注意別讓泡沫消失。

冰涼超濃巧克力醬（cool ganache）

材料

黑巧克力　50g
鮮奶油（乳脂成分45％）　70mℓ

作法

將黑巧克力切碎放入盆裡。在鍋裡放入鮮奶油，加熱至煮沸前，然後將它倒入裝有巧克力的盆裡使其融化。靜靜地拌勻至呈順滑的奶油狀時，裝入擠花袋中，擠成12cm的圓形放入冰箱冷凍。

▶ 完成

完成用材料

帶內皮的糖漬栗子、超濃巧克力醬、巧克力、可可粉

作法

1　將混合麵糊倒入烤模的一半高度，再盛入冰涼超濃巧克力醬。上面均勻地撒上切碎的栗子，再倒入剩下的混合麵糊。

2　放入180℃的烤箱中烤約45分鐘。一放涼就撒上可可粉，再排一圈栗子，倒入超濃巧克力醬。最上面以巧克力做的葉片裝飾。

Thé Citron ／直徑 15× 高 12cm（1 個）

古典美人紅茶蛋糕

這款紅茶風味蛋糕原本非一般人可品嚐到，
如今卻是相當基本的糕點。連在莫梅森，
也是在較早以前就成為人氣的「紅茶磅蛋糕（pound cake）」，
如今依然持續在出爐。最上面的裝飾，這次使用了在法國進修時期，
於糕點屋中經常可看到的、裝飾在冰淇淋上面的古典美人造型。

材料

杏仁粉　180g
糖粉　180g
全蛋　250g
玉米粉　30g
檸檬汁　1顆份
檸檬皮絲　1顆份
融化的奶油　30g
紅茶粉　15g
紅茶香精　少許
杏子醬、糖漬檸檬片　各適量
糖衣（glace à l'eau）
- 糖粉　200g
- 糖漿　70mℓ
- 檸檬汁　20mℓ

作法

1　將杏仁粉與糖粉混在一起篩入盆裡。加入打散的蛋，一起打發到有點發泡時，加入玉米粉、檸檬汁、檸檬皮。

2　將融化的奶油加熱至60℃左右，加入作法**1**中拌勻。

3　取四分之一份量的麵料放入另一個盆裡，加入紅茶粉、紅茶精充分拌勻。

4　將作法**3**的麵料盛入作法**2**的盆裡，以橡膠刮刀一次大幅度地拌勻。倒入烤模中，做出大理石花紋，在180℃烤箱中烤約50分鐘。

5　從烤模中取出放涼後，塗上杏子醬。將糖衣的材料混合在一起，淋到整個蛋糕上，在200℃的烤箱中烘烤2分鐘定型。一放涼，就加入糖漬檸檬片，並放上美人娃娃作裝飾。

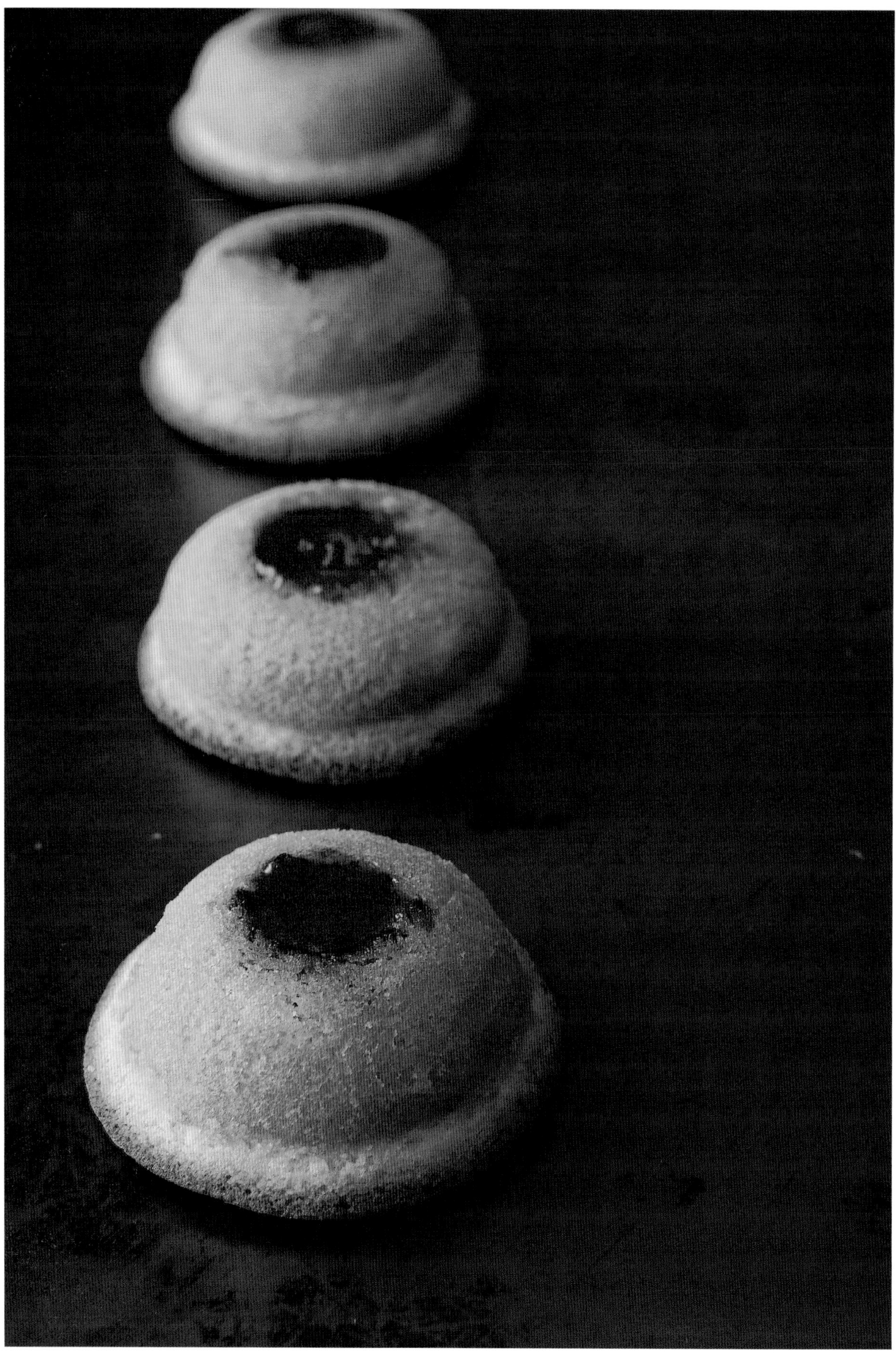

Pomponnette ／直徑6× 高2.5cm的烤模（30個）

蓬蓬捏小蛋糕

這款外觀蓬蓬圓圓的小巧蛋糕，
是各式食譜上常見的精緻小點，
不但模樣可愛極了，還有大大小小各種尺寸。
最近常用的手法，是將冷凍過的果醬放在底部，倒入麵料來烘焙。
一烤好翻面，表面就像鑲了顆寶石一樣，
看得見美麗的純紅色果醬。

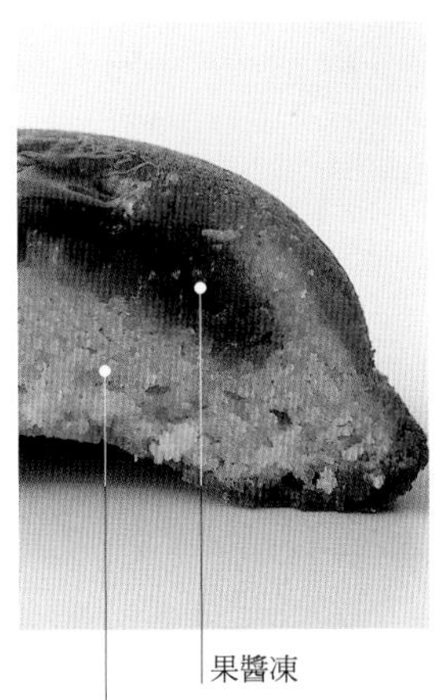

果醬凍
蓬蓬捏麵料

蓬蓬捏麵料
(pate pomponnette)

材料

奶油（無鹽） 200g
糖粉 180g
杏仁粉 200g
全蛋 200g
轉化糖 10g

作法

1 在盆裡放入奶油，以打蛋器充分打勻至乳霜狀。
2 在另一盆裡放入糖粉、杏仁粉，再慢慢加入打散的蛋汁拌勻。接著加入轉化糖，並攪拌至糊狀。
3 將作法**1**的奶油加入作法**2**中，以橡膠刮刀拌勻。

果醬凍

材料

黑醋栗醬 100mℓ
透明果凍膠 120g

作法

將黑醋栗醬和吉利丁放入鍋裡拌勻，並煮沸。倒入直徑2.5×高1cm的烤模中，並放入冰箱冷凍後，將它從烤模中取出。

糖漿

材料

糖漿 50mℓ
黑醋栗鮮奶油 50mℓ

作法

將糖漿與黑醋栗鮮奶油混合。

▶ 完成

完成用材料

塗烤模用的奶油

作法

1 在烤模內側塗上奶油，將蓬蓬捏麵料擠至烤模的四分之一高度。加入已冷凍的果醬凍，再將蓬蓬捏麵料擠至烤模的八分滿。
2 放入170℃的烤箱中烤15～20分鐘，趁熱時，從烤模中取出，並塗上糖漿。

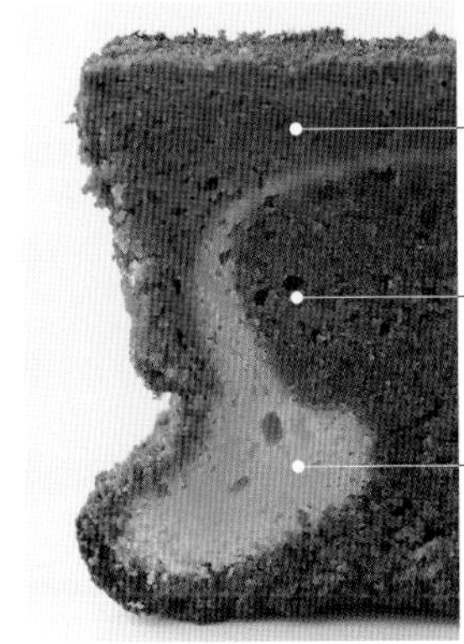

Syracuse / 18×8×高6cm的磅型（pound）烤模（2塊）

錫拉丘茲蛋糕

這是使用了義大利馬斯卡彭起司的微甜起司蛋糕。
以混合了草莓果泥與藍莓果泥的麵料烤出層次感，
使得蛋糕剖面呈現出三種麵料的美麗紋路，
而蛋糕表面也勾勒出各式各樣的顏色。
配上馬斯卡彭起司香濃的味道，
如此無可挑剔的沉穩風味，就是錫拉丘茲蛋糕的特色。

馬斯卡彭麵料

材料

奶油（無鹽） 95g
砂糖 60g
全蛋 95g
蜂蜜 20g
馬斯卡彭起司
（Mascarpone cheese） 80g
低筋麵粉 45g
泡打粉 2g

作法

1 在盆裡放入奶油打至乳霜狀，加入砂糖、蛋、蜂蜜等拌勻。
2 作法**1**全部拌勻時，加入馬斯卡彭起司拌勻。
3 將低筋麵粉與泡打粉混合過篩後，慢慢地加入作法**2**，以橡皮刮刀拌勻。

草莓麵料

材料

草莓泥 150g
奶油（無鹽） 95g
砂糖 60g
全蛋 95g
蜂蜜 20g
低筋麵粉 45g
泡打粉 2g
杏仁粉 30g

作法

將草莓泥放入鍋裡熬煮至80g。參考馬斯卡彭麵料的作法將材料混合，在作法**2**加入草莓泥以取代馬斯卡彭起司。在作法**3**將杏仁粉與低筋麵粉也一起加入。

藍莓麵料

材料

藍莓泥 150g
奶油（無鹽） 95g
砂糖 60g
全蛋 95g
蜂蜜 20g
低筋麵粉 50g
泡打粉 2g
杏仁粉 30g

作法

請參考草莓麵料。

▶ 完成

完成用材料

糖粉、以真空冷凍乾燥技術做成的草莓粉、可可粉

作法

1 依草莓、馬斯卡彭、藍莓等順序，分別將150g的麵料倒入烤模裡。放入170℃烤箱中烤40分鐘，放涼。
2 用刀子將鼓脹的蛋糕面削平，翻面後，以糖粉、草莓粉、可可粉撒出斜條花紋。

Gâteau Basque ／ 直徑 18cm 的口寬底略窄（monqué）圓型烤模（一大塊）

巴斯克奶油蛋糕

巴斯克奶油蛋糕是法國西南部巴斯克地方的傳統糕點。
其獨特之處，是使用了一種名叫巴斯克派皮的特殊麵料，
據說是大山師傅在法國最初當學徒的那家店所學到的。
由於派皮烤得既薄、柔軟度又剛剛好，
與內餡卡士達醬搭配起來的口感相當棒。

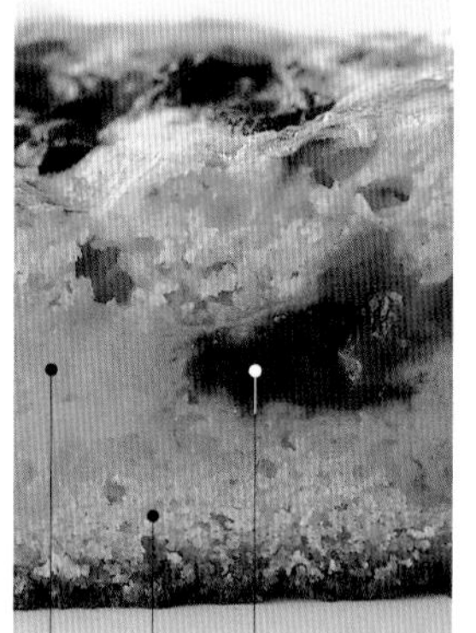

巴斯克派皮
（Pate a Basque）

材料

奶油（無鹽） 80g
糖粉 80g
全蛋 1個
低筋麵粉 120g
泡打粉 2g

作法

1 在盆裡放入奶油，以打蛋器充分打至乳霜狀。加入糖粉拌勻，再將打散的蛋汁慢慢地加入拌勻。

2 將低筋麵粉與泡打粉混合過篩後，加入作法**1**中，改以橡皮刮刀迅速將材料攪拌至無顆粒狀。

卡士達醬

材料．作法

參見P.17的莫梅森塔。

▶ 完成

完成用材料

塗烤模用的奶油、萊姆酒漬葡萄乾60g、蛋汁

作法

1 在烤模內側薄塗一層奶油（勿使用鐵弗龍加工的烤模）。將擠花袋裝上扁口花嘴（扁平開口，單側是鋸齒狀），再裝入巴斯克麵料，擠在烤模的底部與側面。

2 瀝乾萊姆酒漬葡萄乾的湯汁，加入卡士達醬混合。

3 將作法**2**裝入擠花袋中，擠入作法**1**中至滿。

4 最上面也和作法**1**一樣，擠上巴斯克麵料。在蛋糕表面以葡萄乾做出花樣，再以刷子將蛋汁塗滿整個表面，放入200℃的烤箱中烤約30分鐘。

精緻小餅乾 ∕ Four Sec

A B

C D

E F

G H

精緻小餅乾

只能說莫梅森的小餅乾種類實在太豐富了，約有三十種之多。
大山師傅將在烹飪學校所學到的帕馬森起司、
當時相當珍貴的食材「核桃」加入麵料中。
大多是很早以前就持續製作至今的小點心，
現在就介紹其中的一部分吧！

A

核桃咖啡酥餅
(Sablé)

材料（份量約100個）
奶油（無鹽） 140g
糖粉 90g
蛋黃 2個
咖啡精 10mℓ
核桃 100g
低筋麵粉 225g

作法

1 在盆裡放入奶油，以打蛋器打至乳霜狀。加入糖粉拌勻，再慢慢加入已混合好的蛋黃和咖啡精，並充分拌勻。

2 將核桃放入烤箱中空燒後切碎。放涼後加入作法**1**，並加入過篩的低筋麵粉；再改以橡皮刮刀從底部往上翻拌至無麵粉顆粒狀，以保鮮膜包起來，放入冰箱醒麵一個晚上。

3 將作法**2**的麵料擀成7mm厚，並切為3×4.5cm，放入170℃的烤箱中烤約20分鐘。

B

帕馬森起司餅乾

材料（份量約140個）
奶油（無鹽） 300g
鹽 5g
全蛋 1個
牛奶 80mℓ
花生油 70mℓ
帕馬森起司 300g
低筋麵粉 600g

作法

1 在盆裡放入奶油，以打蛋器打至乳霜狀。加入鹽，再加入打散的蛋汁充分拌勻。

2 加入牛奶，再加入花生油與帕馬森起司拌勻。

3 加入過篩的低筋麵粉，改以橡皮刮刀從底部往上翻拌至無顆粒狀，以保鮮膜包起來，放入冰箱醒麵一個晚上。

4 將麵糰分成10g一等分，擀成15cm的繩狀，再捏成環狀並排在烤盤上。放入150℃的烤箱中烤20分鐘。

C

杏仁權杖餅
(bâtons aux amandes)

材料（長6cm的餅乾80根）
杏仁粉 80g
糖粉 40g
低筋麵粉 25g
蛋白 80g
砂糖 40g
杏仁粒 適量

作法

1 將杏仁粉、糖粉、低筋麵粉等混合過篩。

2 在盆裡放入蛋白，慢慢地加入砂糖，一邊以打蛋器充分打發、拌勻。

3 打發至硬性發泡時，加入作法**1**的粉類，改以橡皮刮刀拌勻；攪拌時，注意別讓泡沫消失。

4 將擠花袋裝上直徑9mm的圓口花嘴，擠出長6cm的麵料。沾上杏仁粒，放入180℃的烤箱中烤20分鐘。

D

紅茶餅乾
(roche)

材料（份量約120個）
蛋白 200g
砂糖 100g
糖粉 100g
紅茶粉 適量
紅茶香精 少許

作法

1 在盆裡放入蛋白，再一點一點加入砂糖，每次都以打蛋器充分打發、拌勻。

2 打至硬性發泡時，加入糖粉、紅茶粉、紅茶香精等，改以橡皮刮刀拌勻；攪拌時，注意別讓泡沫消失。

3 將作法**2**裝入裝有星形花嘴的擠花袋中，擠在烤盤上。於表面撒上少許紅茶粉，再放入打開換氣口的100℃烤箱中烤約2小時。

E

椰子酥餅
(Sablé Noix De Coco)

材料
(直徑 4.5cm 的餅乾約 50 個)
奶油(無鹽) 400g
糖粉 150g
全蛋 60g
鹽 2g
低筋麵粉 350g
椰子粉 90g

作法
1 在盆裡放入奶油,以打蛋器打至乳霜狀。加入糖粉混合,再慢慢加入打散的蛋汁,每次都要充分拌勻。
2 加入鹽及過篩的低筋麵粉與椰子粉。改以橡皮刮刀從底部往上翻拌至無顆粒狀,以保鮮膜包起來,放入冰箱醒麵一個晚上。
3 將作法**2**的麵料擀成5mm厚,以菊花型壓模壓出餅乾形狀,放入180℃的烤箱中烤20分鐘。

F

香橙酥餅

材料
(直徑 4.5cm 的餅乾約 100 個)
柳橙 1顆
奶油(無鹽) 200g
糖粉 130g
蛋黃 2個
牛奶 30mℓ
低筋麵粉 330g

作法
1 將柳橙擠出果汁,橙皮刨成絲。在盆裡放入奶油,以打蛋器打至乳霜狀。加入糖粉拌勻,再將蛋黃慢慢加入,每次都要充分拌勻。
2 將牛奶、柳橙汁和橙皮絲加入混合,再加入過篩的低筋麵粉,改以橡皮刮刀從底部往上翻拌至無麵粉顆粒狀。
3 將作法**2**的麵料裝入裝有星形花嘴的擠花袋中,擠成4×4.5cm的心形,放入160℃的烤箱中烤20分鐘。

G

咖啡鑽石餅乾
(café diamant)

材料(份量約 150 個)
奶油(無鹽) 150g
砂糖 80g
蛋黃 3個
咖啡精 10mℓ
杏仁粉 100g
低筋麵粉 150g
杏仁鮮奶油* 適量
*材料・作法參見 P.17 莫梅森塔

作法
1 在盆裡放入奶油,以打蛋器打至乳霜狀。加入砂糖,拌勻後,再慢慢加入蛋黃,一起充分拌勻。
2 加入咖啡精混合,再加入過篩的杏仁粉與低筋麵粉,改用橡皮刮刀從底部往上翻拌至無麵粉顆粒狀,以保鮮膜包起來,放入冰箱醒麵一個晚上。
3 將作法**2**的麵料分成數塊,每塊約150~160g,分別擀成36cm左右的棒狀,包在保鮮膜裡,放入冰箱冷凍。
4 切成1cm寬,並排在烤盤上。以直徑5mm左右的棒子在正中央戳個洞,擠入杏仁鮮奶油,放入170℃的烤箱中烤20分鐘。

H

巧克力鹹酥餅
(sablé aux chocolat sale)

材料(份量約 100 個)
奶油(無鹽) 200g
糖粉 80g
全蛋 30g
低筋麵粉 200g
可可粉 25g
海鹽 2.5g
砂糖、巧克力碎塊* 各適量
*已粗切好的巧克力

作法
1 在盆裡放入奶油,以打蛋器打至乳霜狀。加入糖粉混合,再慢慢加入蛋充分拌勻。
2 加入過篩的低筋麵粉、可可粉、鹽等,改以橡皮刮刀從底部往上翻拌至無麵粉顆粒狀,以保鮮膜包起來,放入冰箱醒麵一個晚上。
3 將作法**2**的麵料分成三等分,每分150g,擀成36cm的棒狀後,放入冰箱冷凍。等麵料變硬,放在砂糖上滾一圈,將它切成1cm的厚度,並排在烤盤上,於每塊餅乾上放些巧克力碎塊,在170℃烤箱中烤20分鐘。

A
B
C
D
E
F

Bonbons Chocolats

夾心巧克力糖

大山師傅堅信「沒什麼餡料不能配巧克力」。
水果、花草茶、抹茶……乃至挑戰各種餡料的夾心巧克力糖。
豐富、多樣化的餡料，看糖果剖面的美麗顏色就能一目瞭然。
將它們並排在以巧克力製成的珠寶箱裡，
那外形與美麗的光澤，簡直就像寶石一樣。

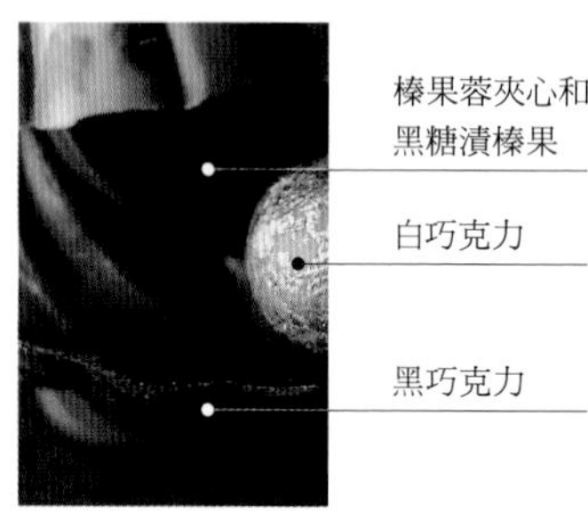

A

榛果巧克力

材料

棒果蓉夾心　適量
黑糖漬榛果＊
- 帶皮榛果（hazelnut）　150g
- 砂糖　60g
- 水　20mℓ

白巧克力
黑巧克力
牛奶巧克力
金箔　各適量

＊將榛果放入150℃烤箱中烤15分鐘；在鍋裡放入砂糖和水，熬煮至117℃；再加入榛果拌勻，當砂糖結晶化即關火，放涼。

作法

1　以白巧克力和牛奶巧克力在貝型烤模中畫出線條花紋；倒入黑巧克力後，將它從烤模中取出。

2　將榛果蓉夾心隔水加熱至25℃融化，放涼。裝入裝有星形花嘴的擠花袋中，先在單片的貝型巧克力裡擠入少許的榛果蓉夾心，放入黑糖漬榛果後，再擠入一些榛果蓉夾心。

3　放入一顆白巧克力球，加入金箔，再加上另一片貝型巧克力。

B

抹茶巧克力

材料

抹茶餡
- 鮮奶油（乳脂成分38%）　300mℓ
- 轉化糖　30g
- 抹茶　30g
- 白巧克力　450g
- 奶油（無鹽）　100g
- 抹茶酒　30mℓ

白巧克力、綠巧克力、轉寫紙　各適量

作法

1　在盆裡放入切碎的白巧克力，隔水加熱融化。

2　在鍋裡放入鮮奶油和轉化糖，置於爐火上，加熱至90℃。將抹茶過篩後，放入裝有巧克力的盆裡。當加熱到35℃，就放入打成乳霜狀的奶油，並加入抹茶酒。

3　將完成的抹茶餡擀平，靜置在乾燥（約15℃）的場所一晚。將白巧克力薄塗在表面上，切成正方形。以白巧克力當貼皮，最上面擠一點綠巧克力，再鋪上轉寫紙。

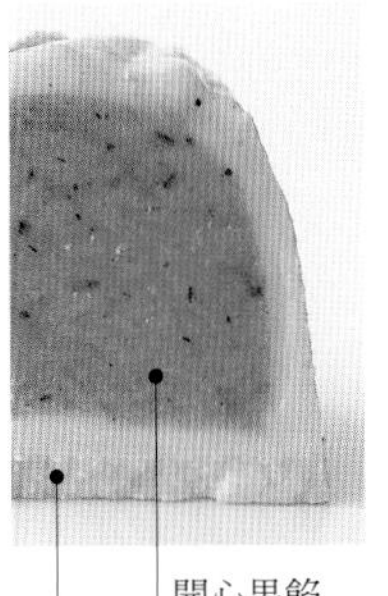

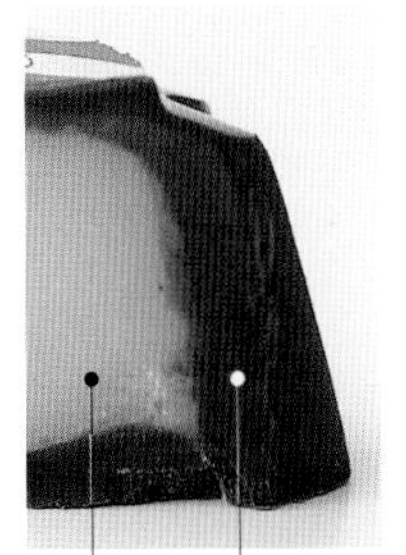

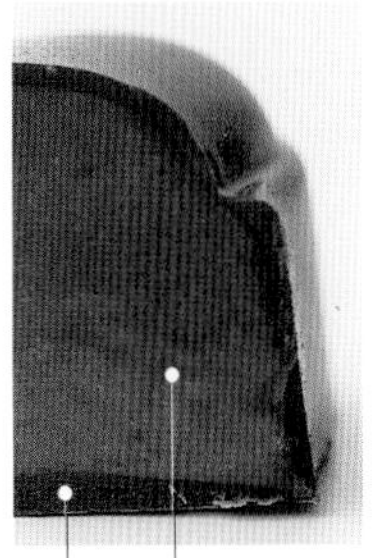

C

開心果巧克力(pistache)

材料

開心果餡
- 白巧克力　200g
- 鮮奶油（乳脂成分38%）　200mℓ
- 開心果粉　60g
- 轉化糖　10g
- 奶油（無鹽）　50g
- 櫻桃甜酒 10mℓ

白巧克力、香草莢、金箔　各適量

作法

1　以刷子將金箔貼在烤模內。將香草莢加入白巧克力中，倒入烤模裡，以便事先做好外殼。

2　將用於開心果餡的白巧克力切碎，放入盆裡，並隔水加熱融化。

3　在鍋裡放入鮮奶油與開心果粉、轉化糖等，置於爐火上，加熱至90℃，再加入裝有巧克力的盆裡融化。

4　放涼至35℃，加入已打成乳霜狀的奶油和櫻桃甜酒，拌勻後，填裝到白巧克力殼裡。最上面也覆蓋一片白巧克力。

D

水果雞尾酒巧克力

材料

水果茶雞尾酒餡
- 鮮奶油　400mℓ
- 水果茶雞尾酒＊（茶葉）　50g
- 麥芽糖　50g
- 轉化糖　50g
- 白巧克力　300g
- 干邑白蘭地　30mℓ
- 奶油（無鹽）　60g

黑巧克力（可可成分64%）　適量

＊將玫瑰果（rose hip）、木槿（Hibiscus或 Rosemallow）、蘋果、檸檬茶等混在一起的水果酒。

作法

1　將融化的黑巧克力倒入烤模中，在盆裡放入切碎的白巧克力，隔水加熱融化。

2　在鍋裡放入鮮奶油與水果茶雞尾酒煮沸，關火靜置10分鐘，用濾網過篩。加入麥芽糖和轉化糖後加熱，再放入裝有巧克力的盆裡。

3　作法**2**放涼至35℃，再加入已打成乳霜狀的奶油與干邑白蘭地拌勻。倒入烤模中，以黑巧克力當蓋子蓋起來。

E

栗子巧克力

材料

栗子餡
- 黑巧克力（可可成分58%）　100g
- 牛奶巧克力　150g
- 栗子醬　300g
- 栗子鮮奶油（creme de marron）　100g
- 轉化糖　20g
- 栗子酒　40mℓ
- 奶油（無鹽）　100g

黑巧克力、轉寫紙　各適量

作法

1　將兩種巧克力切碎放入盆裡，隔水加熱融化。

2　在另一個盆裡放入栗子醬和栗子鮮奶油混合，再加入軟化糖、栗子酒等拌勻。

3　加入巧克力，再加入已打成乳霜狀的奶油，拌勻。

4　將完成的栗子餡擀平，靜置在乾燥（約15℃）的場所一晚。切成3cm的角狀，以黑巧克力當貼皮，鋪上轉寫紙。

F

清涼草莓巧克力

材料

草莓餡
- 草莓泥　200g
- 鮮奶油（乳脂成分38%）　100mℓ
- 轉化糖　25g
- 白巧克力　450g
- 黑巧克力（可可成分64%）　50g
- 奶油（無鹽）　90g
- 草莓栗鮮奶油（creme de fraise）　20mℓ

黑巧克力（可可成分64%）適量

作法

1　將黑巧克力倒入烤模中製作外殼。將兩種巧克力切碎後放入盆裡，隔水加熱融化。

2　在鍋裡放入草莓泥、鮮奶油、轉化糖等，加熱至90℃後關火。

3　將作法**2**餡料倒入裝有巧克力的盆裡拌勻，放涼至35℃。將奶油打至乳霜狀後加入，再加入草莓栗鮮奶油拌勻，裝入烤模中，以黑巧克力當蓋子蓋起來。

冰淇淋與冰沙

現在，莫梅森的冰淇淋與冰沙的食譜數量將近五十種。
雖然許多是季節限定款，但店裡經常陳列的約莫十二種。
「色、香、味俱全的點心，無非就是冰淇淋與冰沙」，
不但賞心悅目，還可同時享受吃的樂趣。
這裡所介紹的冰淇淋與冰沙，
皆盛裝在牛軋糖所做成的鍋形器皿中。

開心果冰淇淋

材料

牛奶　400mℓ
開心果粉　40g
蛋黃　5個
砂糖　100g
轉化糖　25g
鮮奶油（乳脂成分45%）　100mℓ
櫻桃甜酒　少許

作法

1　在鍋裡放入牛奶與開心果粉，置於爐火上煮開備用。

2　在盆裡放入蛋黃與砂糖，以打蛋器充分拌勻，將作法**1**慢慢加入拌勻。接著，倒回鍋裡，加熱至83℃。

3　在作法**2**中加入轉化糖和鮮奶油後，放入製冰淇淋機器中。在完成之前，加入少許櫻桃甜酒，再打一會兒。

蘋果冰沙

材料

蘋果（紅玉／只用果肉）500g
砂糖　125g
轉化糖　25g
檸檬汁　50mℓ
水　50mℓ

作法

1　將蘋果洗淨去皮、去核（留少數有皮部分備用），並將果肉切碎。

2　將蘋果、砂糖、轉化糖、檸檬汁、水等加入果汁機中，打成果汁。

3　將甜度計設定為25度（甜度太高就加水，太低就加糖漿來調整），放入冰淇淋機器中製成冰沙。

芒果冰沙

材料

芒果醬　300mℓ
糖漿（甜度30度）　150mℓ
檸檬汁　30mℓ
水　50mℓ
轉化糖　20g
柑曼怡橙酒　少許

作法

將所有材料混合在一起（柑曼怡橙酒除外），成為甜度27度的果汁（甜度太高就加水，太低就加糖漿調整），放入冰淇淋機器中製成冰沙。在完成之前，加入少許柑曼怡橙酒。

草莓牛奶冰淇淋

材料

牛奶　300mℓ
砂糖　100g
轉化糖　20g
草莓泥　200g
草莓酒　少許

作法

1　在鍋裡放入牛奶與砂糖煮沸，再加入轉化糖後放涼。

2　在作法**1**中加入草莓泥拌勻，放入冰淇淋機器中製成冰淇淋。在完成之前，加入草莓酒再打一會兒。

牛軋糖鍋

材料

無鹽杏仁顆粒　200g
砂糖　250g
麥芽糖　250g
可可脂（cacao butter）　10g
蛋白糖霜（glace royale）　適量

作法

1　將杏仁顆粒放入烤箱烤一下。在銅鍋裡放入砂糖和麥芽糖，以中火熬煮至褐色時，加入杏仁顆粒拌勻。

2　在大理石作業台上均勻薄塗一層沙拉油（材料的分量外），放上作法**1**。用擀麵棍擀平，捏成橢圓形的鍋子狀，並做鍋蓋，再以蛋白糖霜擠出花紋。

▶ 完成

完成用材料

水果、裝飾用巧克力

作法

將冰淇淋與冰沙盛裝在牛軋糖鍋裡，擺上水果和裝飾用的巧克力。

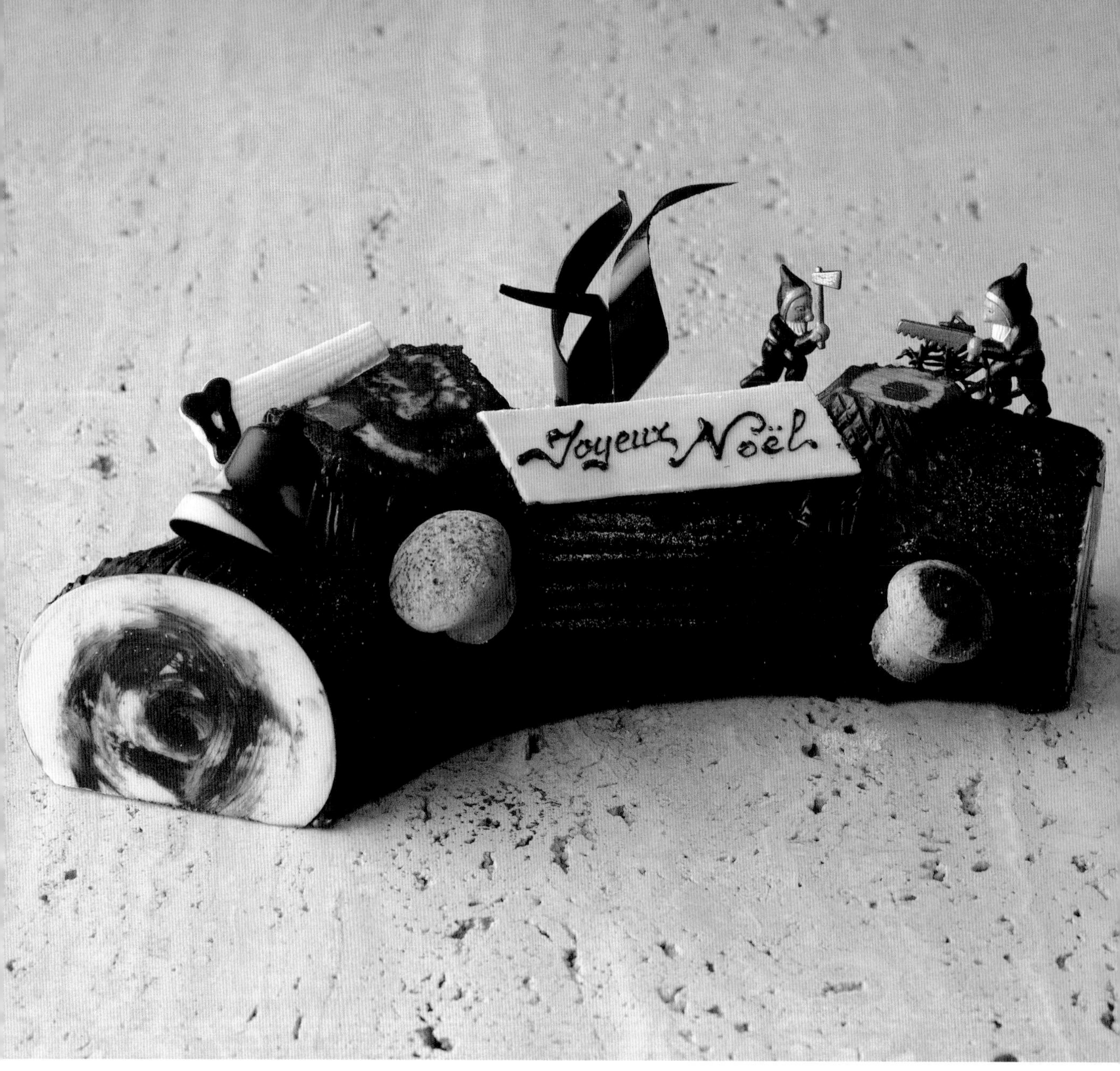

對於糕點屋而言，法國聖誕節樹幹蛋糕（bûche de Noël）、生日蛋糕等，是非常重要的創意糕點之一。
製作這些祝賀、慶祝紀念日用的糕點時，趣味性也是非常講究的要素之一。
因此，大山師傅秉持著「打開包裝盒時的感激也是美味的一部分」這樣的心意，
充分發揮創意，完成了這些令人驚喜的糕點。
任何糕點都不脫基本作法，但充滿著童趣則是大山師傅一貫的風格。

祝賀 & 慶祝用的糕點

法國聖誕節樹幹蛋糕

這是仿樹幹外觀的法國聖誕節樹幹蛋糕。將一般直挺挺的樹幹造型稍稍變得有點彎曲，就能給人不一樣的驚喜。「當初只是嘗試做看看，但真要拿到市面販售，很困難吧！（笑）」這次，終於在本書中達成了當初的願望。渾圓的樹幹蛋糕上，散發著沉穩與溫馨的氛圍。

生日蛋糕

大山師傅表示，見到經過加工、造型不一的草莓時，希望會有「可以看出是動物」的感覺！蛋糕上的草莓裝飾，一一加上眼睛、耳朵，就變身為貓、狗、小熊。「如果以葉子當腳，也可做成青蛙！」孩子若能收到如此有趣的生日蛋糕，會多高興啊！這是不拘泥於「當裝飾用的草莓只能擺得整齊漂亮」的刻板觀念，可讓人充分理解大師天馬行空的創意蛋糕。

情人節蛋糕

多麼大膽啊！蛋糕上竟然秀出手機號碼和一把家用鑰匙。「即使沒表示什麼，收到蛋糕的人，一眼也能看出送的人想要表達的心意。」這蛋糕充分顯露出大山師傅的幽默感。其實，不見得要用英文字母，而蛋糕上的那把巧克力鑰匙，也可以用自家的鑰匙來打造喲！

萬聖節蛋糕

這幾年開始有了歡度萬聖節的習慣，因此，莫梅森收到南瓜蛋糕的訂單也與日俱增。在擠滿著南瓜鮮奶油的蒙布朗風蛋糕下，是開心果鮮奶油和開心果的達克瓦茲糕。蛋糕切開後，切口剖面的綠色，搭配著南瓜的鮮豔黃色，自然有股萬聖節的趣味。

第三章

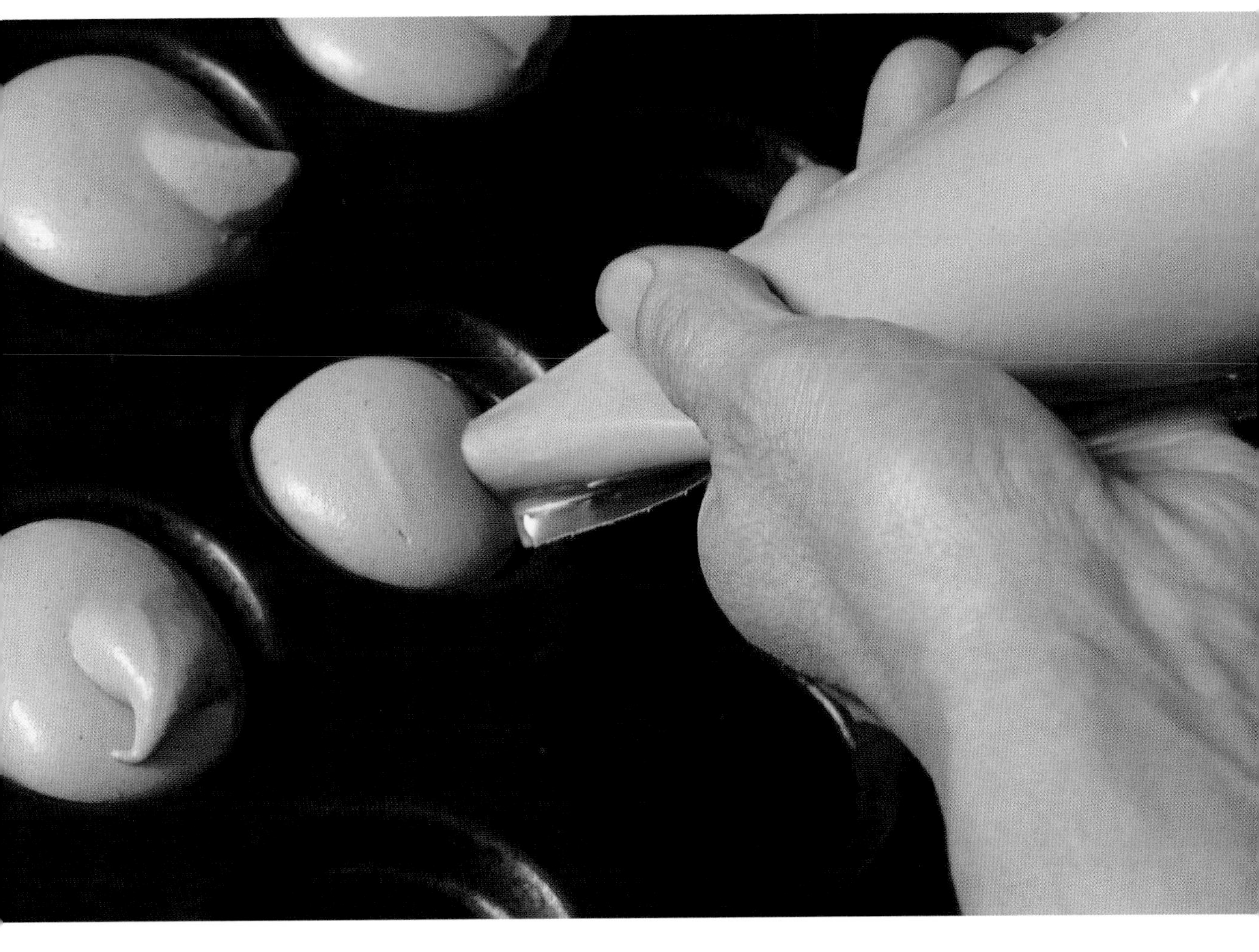

反映時代的糕點

大山師傅的糕點，不論是味道或組合，絕不會脫離根本。正因如此，所以能牢牢抓住時代的氛圍，乃至人們嗜好的改變，卻又不忘適時地添加一些趣味閒情和遊藝之心。在此將一一介紹大山師傅過去三十年間，迎合不同時代需求，以充滿冒險心的創意所製作出來的糕點。

焦糖南瓜蛋糕 / Caramel Potiron

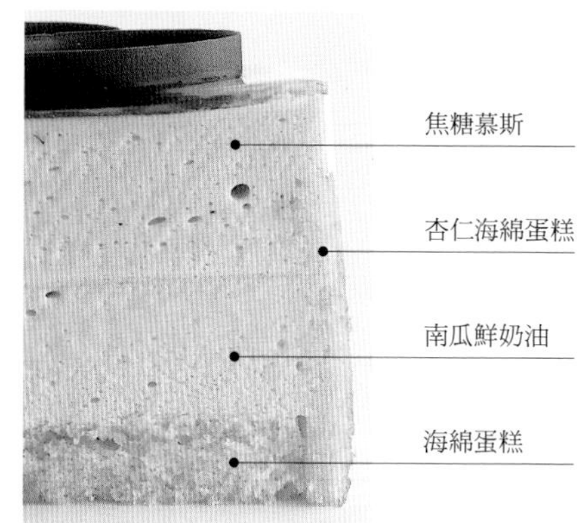

Caramel Potiron ／直徑 18× 高 4.5cm 的圓形烤盤（二大塊）

焦糖南瓜蛋糕

在法國當然不會有使用蔬菜的蛋糕，
即使是莫梅森也不曾製作過。
這道糕點，最初是受百貨公司的企劃之託而製作的，
沒想到南瓜和焦糖的口味意外地契合，而受到好評，
從此便成為莫梅森的基本款糕點，至今仍是人氣商品之一。

杏仁海綿蛋糕

材料・作法

參見 P.52 的劇院蛋糕。

海綿蛋糕

材料・作法

參見 P.21 的草莓千層派。

南瓜鮮奶油（cream potiron）

材料

南瓜泥　120g
糖粉　50g
吉利丁片　6g
已打發鮮奶油
（乳脂成分 38%）　360g

作法

1　在鍋裡放入南瓜泥和糖粉，置於爐火上。當糖粉融化時，將泡開的吉利丁擠去水分，加入拌勻。

2　靜靜放涼後，和已打發的鮮奶油混合，以橡皮刮刀迅速拌勻。

焦糖慕斯

材料

鮮奶油（乳脂成分45%） 80ml
砂糖 80g
吉利丁片 4g
已打發鮮奶油（乳脂成分38%）300g

作法

1 在鍋裡放入鮮奶油，置於爐火上，加熱至煮沸前。

2 將砂糖放入大鍋中，持續攪拌使之融化，直到砂糖變成焦糖色後，將作法1已煮過的鮮奶油一次全部加入，充分拌勻。

3 關火，將泡開的吉利丁擠去水分後加入混合，以濾網過篩後，靜靜放涼。

4 待完全變涼時，加入已打發的鮮奶油，以橡皮刮刀迅速拌勻。

糖漿

材料

砂糖 100g
水 200ml
君度橙酒（Cointreau） 30ml

作法

在鍋裡放入砂糖和水，置於爐火上，一煮沸就關火。靜靜放涼後，加入君度橙酒（以橙皮所製作的酒）。

▶ 完成

完成用材料

果凍膠、咖啡精
巧克力裝飾（ornament）

作法

1 將杏仁海綿蛋糕切成3.5cm寬的細長條形，貼在烤模的內側。海綿蛋糕切成直徑17cm×厚度1.5cm的圓形後，鋪在烤模底部，並以刷子刷上糖漿。

2 將南瓜鮮奶油裝入擠花袋中，擠在作法1上面。再將焦糖慕斯擠滿整個烤模後，放入冰箱冷凍。

3 等餡料一凝固，滴一些咖啡精於果凍膠中，最後在蛋糕表面做出大理石花紋，最上面則以巧克力花作裝飾。

協和蛋糕 / Concorde

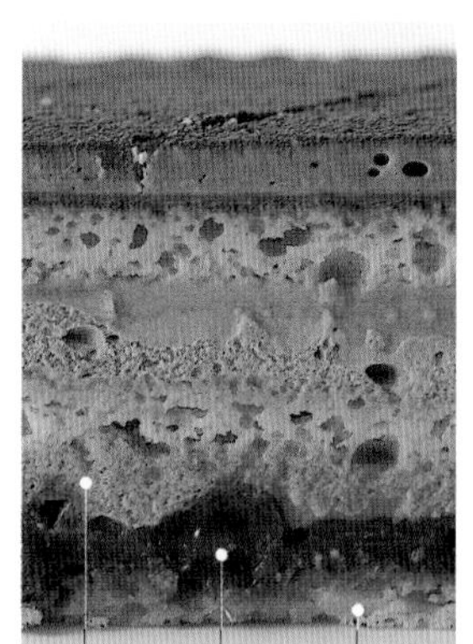

杏仁海綿蛋糕

材料・作法

參見 P.52。請準備三片 20×30×0.5cm 的杏仁海綿蛋糕。

Concorde ／ 20×30× 高 4cm（一大塊）

協和蛋糕（法式巧克力慕斯蛋糕）

巧克力蛋糕掀起人氣話題，
讓我想要「做出更美味的蛋糕」，因而製作出這款
嗅得到萊姆酒蜜漬葡萄乾香氣、令人回味無窮的糕點。
據說將超濃巧克力醬刷在杏仁海綿蛋糕的底層，
可以做出最基礎的味道。
雖是單純的甜點，卻蘊藏著複雜且深奧的味道。

香堤巧克力鮮奶油

材料

超濃巧克力醬　300g

- 鮮奶油（乳脂成分 38%）　150g
- 黑巧克力（可可成分 45%）　150g

鮮奶油（乳脂成分 45%）　900mℓ

作法

1　製作超濃巧克力醬。在鍋裡放入鮮奶油，加熱至煮沸前。在盆裡放入切碎的巧克力，再慢慢加入溫熱好的鮮奶油，以打蛋器充分拌勻，放涼至盆摸起來不熱的程度。

2　將鮮奶油慢慢加入作法**1**的超濃巧克力醬料中，以打蛋器充分拌勻後，於盆底墊冰塊，充分打發至奶油狀。

糖漿

材料

水　200mℓ

砂糖　180g

萊姆酒　30mℓ

作法

在鍋裡放入砂糖與水，置於爐火上，一煮沸就關火。靜靜放涼後，加入萊姆酒。

▶ 完成

完成用材料

萊姆酒漬葡萄乾

可可粉

裝飾用巧克力

塗底層用超濃巧克力醬　約100g

作法

1　在一片杏仁海綿蛋糕上塗糖漿，並薄塗一層塗底層用超濃巧克力醬。

2　在作法**1**滿滿地鋪上萊姆酒漬葡萄乾，然後整個抹上香堤巧克力鮮奶油。

3　疊放一片杏仁海綿蛋糕，再塗上糖漿、香堤巧克力鮮奶油。接著，疊放一片杏仁海綿蛋糕，薄塗香堤巧克力鮮奶油，放入冰箱冷藏一會兒即可取出。

4　撒上可可粉，最後再以巧克力裝飾。

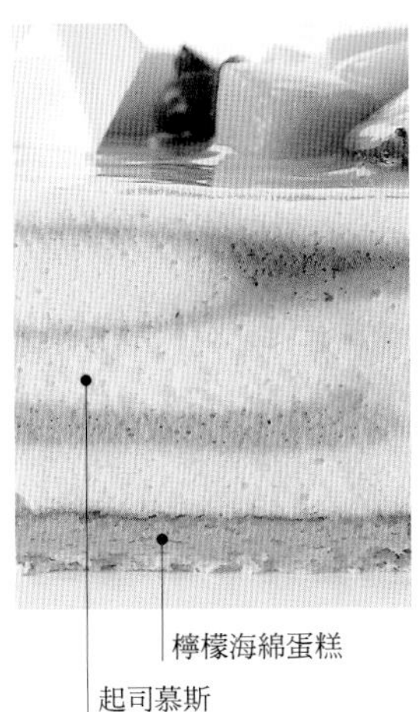

檸檬海綿蛋糕
(biscuit citron)

材料

蛋白　2個份
砂糖　60g
蛋黃　3個
低筋麵粉　50g
檸檬　1/2顆

初步準備

將檸檬皮刨成絲，擠出檸檬汁。

作法

1　在盆裡放入蛋白，一邊慢慢地加入砂糖，一邊以打蛋器充分打發至硬性發泡。

2　加入蛋黃，改用橡皮刮刀拌勻；攪拌時，注意別讓泡沫消失。再加入檸檬汁、檸檬皮混合，最後加入低筋麵粉迅速地拌勻。

3　將作法**2**裝入裝有1cm花嘴的擠花袋中，擠成35×25cm的板狀，在190℃的烤箱中烤12分鐘。

Marbre ／ 30×20×高4cm（一大塊）

大理石蛋糕

生乳酪蛋糕雖然也是從開店之初便持續製作至今，
變化卻是相當大的。現在的生乳酪蛋糕，
給人的印象是有著柔和淡粉色彩的糕點。
藍莓、草莓、芒果交織而成的大理石花紋，相當美麗。
利用這三種材料做出漂亮紋路的祕訣，就是絕不過度混合。

起司慕斯
(mousse aux fromagé)

材料

鮮奶油起司　250g
白起司　250g
蛋黃　120g
砂糖　200g
水　70mℓ
吉利丁片　10g
已打發的鮮奶油（乳脂成分38%）400g
藍莓泥　15g
草莓泥　50g
芒果泥　35g

作法

1　在盆裡放入鮮奶油起司和白起司，以打蛋器充分拌勻。另一個盆裡放入蛋黃備用。

2　在鍋裡放入砂糖和水，熬煮至120℃，再慢慢加入放蛋黃的盆裡，以打蛋器充分拌勻至盆摸起來不熱為止。

3　將泡開的吉利丁擠去水分後，用濾網過篩。

4　將作法**3**加入作法**1**裝有起司的盆裡混合，再加入已打發的鮮奶油拌勻；攪拌時，須注意別讓泡沫消失。

5　從作法**4**中分別取出80g加入藍莓泥、125g加入草莓泥、180g加入芒果泥拌勻。

▶ 完成

完成用材料

透明果凍膠（nappage neutre）、檸檬汁、草莓、藍莓、芒果、白巧克力

作法

1　將草莓、藍莓、芒果等三種慕斯分別加在純淨的起司慕斯上，不混合地舀入已鋪好檸檬海綿蛋糕的烤模中，放入冰箱冷凍。

2　將檸檬汁慢慢地加入透明果凍膠中，薄塗在蛋糕表面上，再以草莓、藍莓、芒果等水果和白巧克力作裝飾。

Dacquoise au Sarrasin ／ 直徑 6cm× 厚度 1.2cm 的橢圓型烤模（約 50 個）

達克瓦茲蕎麥糕

大山師傅說：「我喜歡蕎麥麵。」
蕎麥粉最近再次受到重視，越來越常用來製作麵條以外的點心。
大山師傅就用它來做達克瓦茲糕。
夾在餅乾中的核桃鮮奶油，
是先將核桃川燙，以去掉特有的油膩味，因而變得格外爽口。
或許是因為達克瓦茲蕎麥糕帶點和菓子風，
而成為適合日本人口味的糕點。

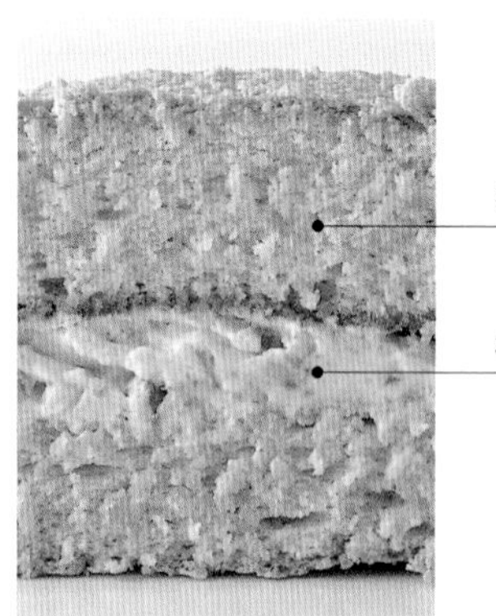

達克瓦茲麵料

核桃鮮奶油

達克瓦茲麵料

材料

A
- 杏仁粉　150g
- 蕎麥粉　150g
- 糖粉　200g

B
- 蛋白　400g
- 砂糖　200g
- 乾燥蛋白粉　2g

糖粉　適量

作法

1　將A的材料混合過篩。

2　在盆裡放入B的蛋白，以打蛋器充分打發。打至泡沫變雪白，就慢慢加入砂糖、乾燥蛋白粉，並持續打發至硬性發泡。

3　將作法**1**加入作法**2**中，以橡皮刮刀從底部往上迅速翻拌混勻後，裝入擠花袋中，再擠到烤模裡。

4　於表面撒上糖粉，放入190℃的烤箱中烤約20分鐘。

核桃鮮奶油

材料

奶油淇淋（buttercream）＊　150g
軟心糖（fondant）　50g
核桃　60g

＊材料，作法參見 P.53 的咖啡鮮奶油，但不加咖啡精。

作法

將核桃去皮，以開水川燙後晾乾。將核桃與軟心糖混合，再與奶油淇淋拌勻。

▶ 完成

在剛烤好的達克瓦茲糕中間夾入核桃鮮奶油。

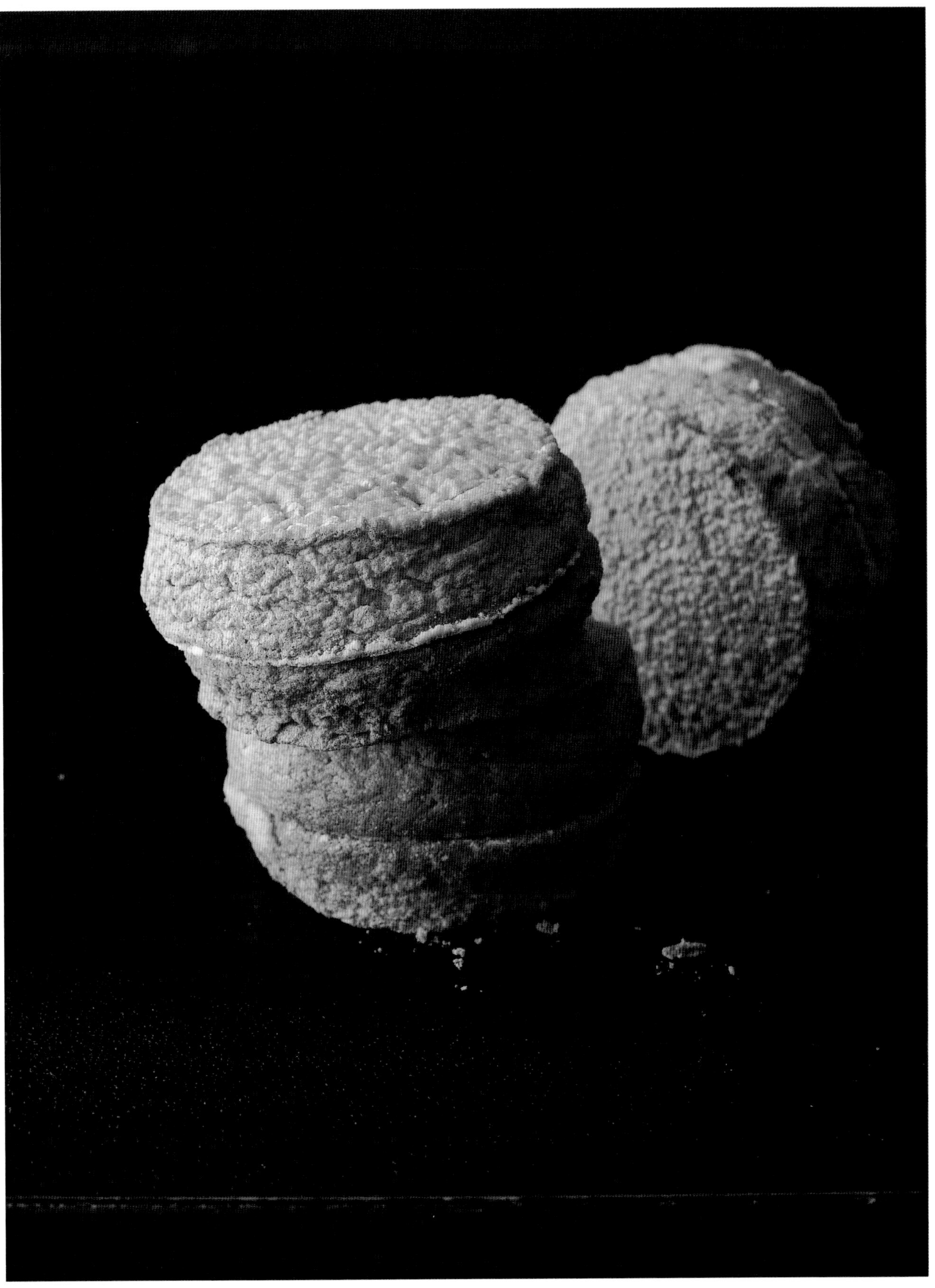

以 12cm 烤模製作小尺寸的大蛋糕（petit entremets）

在小家庭化、大尺寸蛋糕賣不出去的時代，
人們心中轉而追求「最小尺寸的大蛋糕」，而它的標準就是直徑 12cm。
站在製作者的角度，
一整塊大蛋糕比起一人分小蛋糕的味道更均衡，也比較容易裝飾。
而從品嚐者的角度來看，
由於品嚐的人數不多，所以希望是只有二或四人也很適合買的尺寸。
這種符合現代生活的蛋糕尺寸已蔚為主流，
在莫梅森店裡經常陳列著六至七種。

Mangue Framboise

芒果覆盆子蛋糕

分蛋海綿蛋糕

材料・作法

參見 P.13 的楓丹白露。

杏仁海綿蛋糕

材料・作法

參見 P.52 的劇院蛋糕。

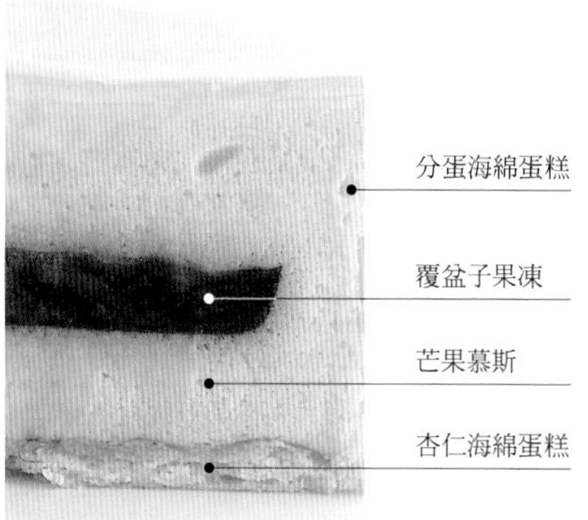

芒果慕斯

材料

芒果醬　100mℓ
百香果醬　20mℓ
蛋黃　1 個
砂糖　20g
吉利丁片　4g
柑曼怡橙酒　10mℓ
已打發的鮮奶油（乳脂成分 38%）150g

作法

1　在鍋裡放入芒果醬和百香果醬，將爐火開至中火。

2　在盆裡放入蛋黃和砂糖，以打蛋器充分打勻。加入作法**1**後拌勻，倒回鍋裡，加熱至83℃，關火後，加入擠去水分的吉利丁。

3　用濾網過篩後，加入柑曼怡橙酒，再加入已打發的鮮奶油拌勻。

覆盆子果凍（gelee de framboise）

材料

覆盆子醬　100mℓ
糖粉　20g
吉利丁片　3g
覆盆子鮮奶油　5mℓ
檸檬汁　少許
覆盆子　5 顆

作法

1　將覆盆子醬與糖粉放入盆裡混合均勻。

2　從作法**1**取出三分之一的份量放入鍋裡，置於爐火上，並加入充分擠去水分的吉利丁，使之融化。

3　將鍋裡的材料倒回盆裡，加入覆盆子鮮奶油、檸檬汁後拌勻。

4　倒入直徑8cm的圓盤型烤模中，擺上覆盆子後，再將它放入冰箱冷凍。

▶ 完成

完成用材料

果凍膠、水果、法式小圓餅馬卡龍、裝飾用巧克力、香草葉片

作法

1　在烤模的側面貼滿分蛋海綿蛋糕，於底部鋪上杏仁海綿蛋糕。

2　先倒入一些芒果慕斯，擺上已凝固的覆盆子果凍，再將芒果慕斯倒滿整個烤模，抹平表面後，放入冰箱冷藏定型。

3　將果凍膠倒在蛋糕表面，最上面以馬卡龍、巧克力、香草葉片等作裝飾。

Charlotte aux Fruits

水果夏洛蒂

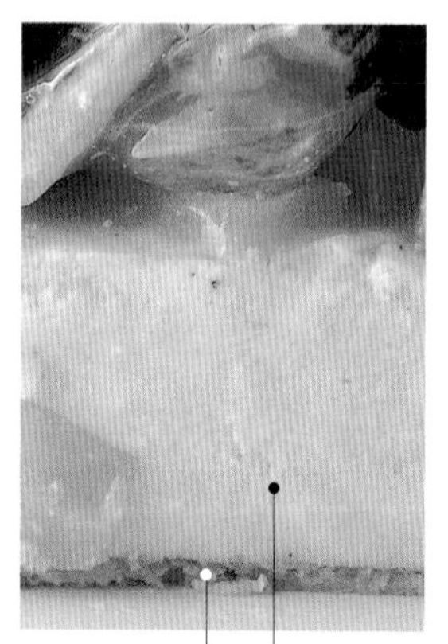

香草巴伐利亞鮮奶油
分蛋海綿蛋糕

分蛋海綿蛋糕

材料・作法

參見 P.13 的楓丹白露。在作法 **3**，裝入裝有 1cm 花嘴的擠花袋中，擠成 40cm 寬。

香草巴伐利亞鮮奶油

材料・作法

參見P.47的洋梨夏洛蒂。在作法 **4**，和打發的鮮奶油混合之前，先加入洋梨酒。

▶ 完成

完成用材料

洋梨（罐裝）、黃桃（罐裝）、裝飾用水果、白巧克力、果凍膠

作法

1 將分蛋海綿蛋糕貼滿烤模內側及底部。

2 將巴伐利亞鮮奶油倒至烤模的一半高度，加入切碎成1cm塊狀的洋梨和黃桃；再將巴伐利亞鮮奶油倒滿整個烤模，放入冰箱冷凍。

3 於蛋糕表面擺上各式各樣的水果，塗上果凍膠，再放幾片白巧克力即完成。

Chocolat Caramel

焦糖巧克力蛋糕

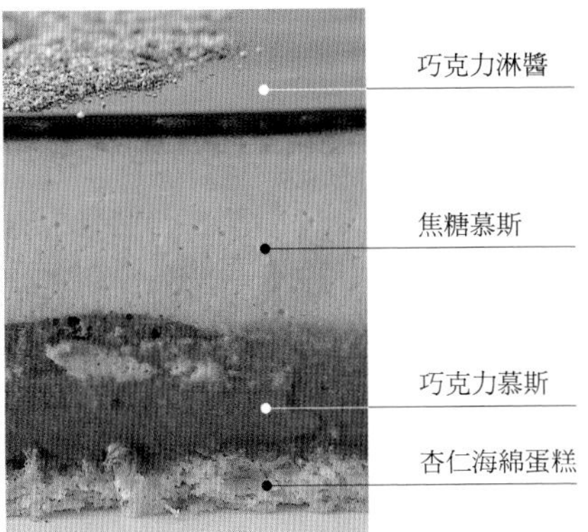

杏仁海綿蛋糕

材料・作法

參見 P.52 的劇院蛋糕。

巧克力慕斯

材料

牛奶　125mℓ
蛋黃　2 個
砂糖　35g
吉利丁片　3g
黑巧克力（可可成分 55%）　100g
已打發的鮮奶油（乳脂成分 38%）　250g

作法

1　在鍋裡放入牛奶加熱。

2　在盆裡放入蛋黃和砂糖，以打蛋器充分拌勻，再將作法**1**的牛奶慢慢加入拌勻。

3　將作法**2**倒回鍋裡，加熱至83℃後關火。加入擠乾水分的吉利丁，使之融化。

4　在盆裡放入切碎的巧克力，將作法**3**用濾網過篩後加入。放涼至變黏稠時，和已打發的鮮奶油充分拌勻。

焦糖慕斯

材料・作法

參見 P.95 的焦糖南瓜蛋糕。

巧克力淋醬

材料・作法

參見 P.53 的劇院蛋糕。

▶ 完成

完成用材料

糖粉、可可粉、真空冷凍乾燥技術做成的草莓粉、裝飾用的巧克力

作法

1　在烤模的底部和側面，均勻地鋪上5mm厚的杏仁海綿蛋糕。將巧克力慕斯倒入烤模中至一半的高度，再放入冰箱冷藏凝固。

2　將焦糖慕斯倒滿烤模後，放入冰箱冷凍凝固。接著，於蛋糕表面淋上巧克力淋醬，以糖粉、草莓粉、可可粉及巧克力作裝飾。

歷經時間的考驗，無論是外觀、內在，不變的糕點也都升級了！

這些都是展示櫃中的基本款蛋糕。
雖說任何一款的本質幾乎和三十年前沒兩樣，
但這些糕點其實也經過一點一滴地下工夫，
配合時代潮流及人們的喜好，而有了新風貌。
以下精選出三款具代表性的糕點，讓大家見識它們究竟朝哪一種風格進化。

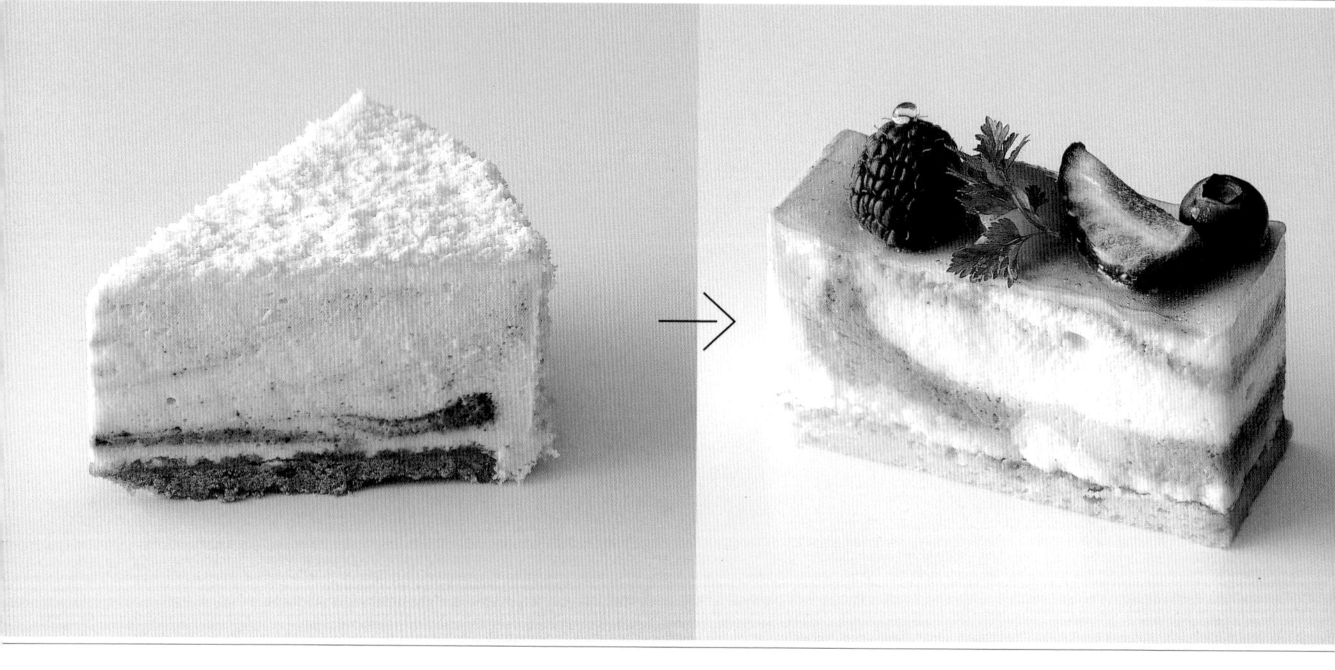

起司蛋糕

起初，底層是鋪奶油酥餅（Sablé），混在起司裡的果泥也只有藍莓泥；但漸漸地越發突顯水果的新鮮度與色彩的鮮豔，連外觀也變華麗了。底層改用海綿蛋糕，簡單即可完成；味道也著重在水果的酸味上，因而與起司的甜味產生了非常明顯的反差口感。

蒙布朗

當初塔餅是使用蛋白糖霜，但對日本人來說太甜了，所以改用混合了杏仁粉的麵料。然而經過一段時間，這種麵料會失去酥脆的口感，所以最終演變成鋪達克瓦茲糕。至於奶油部分，雖然也曾使用比較厚重的奶油，但漸漸地就改用較為清爽的鮮奶油取代了。

夏洛蒂

這款甜點改變最大的，就是周邊的分蛋海綿蛋糕。因為要擠在波浪狀的烤模中烘烤，所以必須選用可以擠得比較薄的擠花袋。製作小型蛋糕時，和一整塊的大蛋糕不一樣，分蛋海綿蛋糕如果沒做好，會破壞了與巴伐利亞鮮奶油內餡的平衡口感。此外，擺飾也變得更豐富多彩。

莫梅森三十年

結束四年半的巴黎進修，在東京成城開了「莫梅森」。
回顧這三十年來的點點滴滴……

希望從成城開始拓展道地的法式糕點。

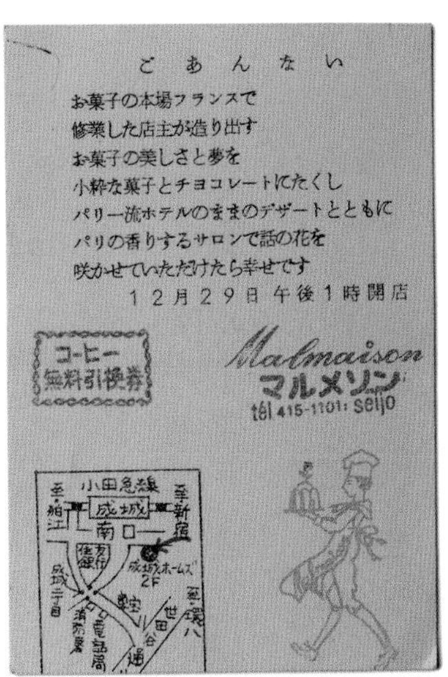

一九七七年底，莫梅森正式開張。左圖是當時手工製作的傳單。

■ 莫梅森開張

回國之後約三個月左右，我一邊準備自己開店，一邊在維也納糕點專賣店「Gruss Gott」工作。雖是題外話，但我在這裡認識了我的太太。

當時的日本正流行起司蛋糕、基本的水果蛋糕和布丁。記憶中，還出現了美式連鎖店「Anna Miller's」與「Italian Tomato」，而美式糕點也受到矚目。

我個人始終深信法式糕點才是最頂尖的，所以懷抱著今後要卯足勁讓法式糕點嶄露頭角的心情；也就是說，如果有十位顧客，希望這十位顧客都會讚美法式糕點說：「真好吃！」

我的店於一九七七年底開張，店名決定取為「莫梅森」。因為「莫梅森」原文MALMAISON的日語發音是「マルメゾン」，マル是「○」，有製作美味糕點的寓意，也有「OK」的含意。而MAISON在法語則是「家」或「店」的意思，因此，將這兩個字結合在一起。

之所以決定將店開在成城，首先考慮的就是這座城市的特性與氛圍。成城當地許多人都曾造訪國外，相信他們應該非常理解「道地的滋味」。

■ 希望在重口味中表現出輕爽口感

莫梅森開張時推出的莫梅森慕斯和莫梅森塔、迷你花式點心、烘焙糕點……等二十種糕點，如今依然持續在製作中。由於我學到的糕點作法頗受新派料理的影響，所以想在重口味中表現出輕爽的口感。

當初曾有顧客反應我們的糕點「很甜」、「酒味很濃」等。畢竟法國人和日本人對味道的品味是不同的。

法國人喜歡實在的味道，基本上這和他們以肉食為主有關吧！他們習慣在一道料理或點心當中，使用相當多的材料，因此產生複雜的味道，而日本人則偏愛簡單的味道。硬要說原因的話，我想應該和日本人對鹽敏感，不習慣複雜的口味有關吧！我一邊考慮這些因素，一邊在錯誤中嘗試製作出迎合日本人口味的糕點。

大山師傅在成城店裡。剛開張時，每天都認真打拚。

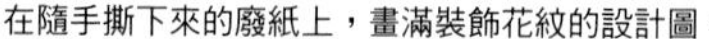

在隨手撕下來的廢紙上，畫滿裝飾花紋的設計圖。

■ 製作連日本人也喜愛的味道

法國與日本的乳製品和麵粉等材料其實並不一樣，其中差異最大的就是水果。在法國，普通市場就可以買到熟透的水果，但在日本卻買不到。因此，只能以在日本買得到的食材來加工，譬如利用從歐洲進口的罐裝製品，然後盡可能將其製作成自己理想中的法式糕點。

現在，食品的進口方式進步多了，而且也增加了不少優良的國產品，因此，比以前更容易取得好的材料。一旦有了好的材料，結果就大不相同。從事這行，可是經常在與食材競賽呢！

和開張當時相比較，莫梅森糕點的價格幾乎沒變；若真要說有何不同，就是在味道方面對甜度的掌控，還有尺寸也變大了吧！

若從細節來看，由於基本麵料的砂糖份量無法改變，所以就在直接可感受甜度的部分，如鮮奶油、糖漿等做調整。此外，也以利口酒或果醬（泥）等來增添香味，並滿足人們所喜好的清脆口感。如果減少了什麼而不增加什麼的話，整體味道就會失衡。總之，我就是想要製作出能反映時代流行與喜好的味道。

■ 糕點的季節感很重要

提到店裡的展示擺設，大前提就是要讓前來光顧的顧客覺得所有糕點都很美味，而具體的作法，就是讓人感受到季節感。為表現出季節感，水果最為重要。運用水果的色彩或其自然甜味所做出的糕點，都能讓人真實感受到季節感。

以顏色來說，最主要就是黃色。柳橙、芒果、洋梨等，不但能給人新鮮的印象，色彩也很醒目。我們非常用心地讓這些在展示櫃中的糕點，看起來既亮麗又可口。

■ 關於分店

也許是因為一邊實踐這樣的理想，一邊堅持道地美味的緣故吧，很幸運地，在一九八二年，我在下北澤開了間分店。既然將分店開在人潮眾多的地區，就有了一拚勝負的決心。但遺憾的是，由於店面太窄，沒多久就因為電力的限制，而無法裝設新的調理機

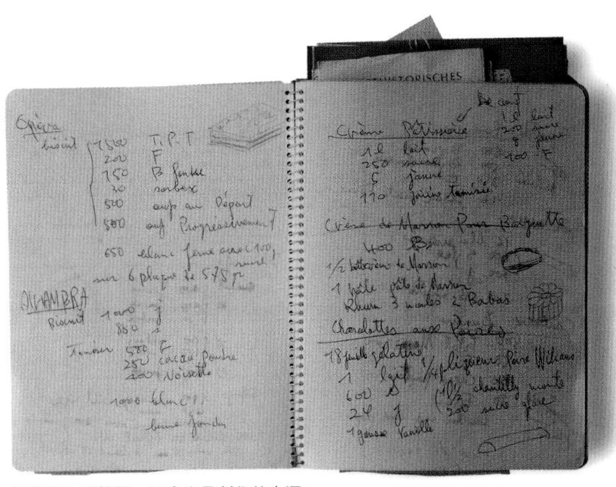

從前所作的筆記，如今也是創作的來源。

器。一九九二年，在設有寬敞廚房的赤堤分店開張的同時，我關掉了下北澤店。期間，一九八五年在朋友的熱情邀請下，又在有樂町西武開了一家分店。這家店開了三年左右，後來之所以撤資不做，最主要的原因是原本合作愉快的負責人換了。可見人際關係還是很重要的！

無論如何，所有分店的商品都一樣，夏洛蒂、迷你花式點心、巧克力等，都是我們的主力商品。

■ 糕點師傅不可顯露疲態

有人問我是如何度過一天的？其實就是早上六點半起床，從七點一直到晚上七點都待在店裡工作，日復一日。吃完晚餐後開始閱讀，每週至少花十個小時以上閱讀與糕點、料理相關的書籍；這個習慣從很久以前就維持至今。最快也要到半夜一點才能就寢。如果還有空閒，我通常會將做糕點的構思畫下來；這也是從以前就養成的習慣。

待在法國時，經常有人提醒我：糕點師傅絕不可以顯露疲態。人一疲憊就會失去鬥志，如此一來，就無法正確判斷味道。或許身心平衡地度過每一天，也是糕點師傅必須具備的條件，亦可說是從經驗累積出來的專業意識、智慧吧！

■ 學徒是理解自己的人

一旦能堅持三十年，就會吸引許多年輕人前來學習。對於年輕的生力軍，我首先希望能培養他們的獨立心。身為專業人士，最重要的就是具有自己開店的企圖心。因此，到海外進修學習也不錯。專注在糕點上，做出心目中的理想糕點，不但是很好的經驗，也同時能結交到許多朋友。畢竟，與人的邂逅也需要機會，遇見什麼樣的人，很可能決定前進的道路。

對於失敗，首先要默認。在莫梅森，我會觀察這些前來學習的年輕人是否能承認失敗。能承認失敗的人，才會有所長進，因為他們懂得分析自我的錯誤。所謂活用失敗的經驗，就是藉失敗的經驗來學習不失敗的方法。

一旦學會獨立，師徒之間就是平起平坐的關係。因為每個人都是自己的主人。應該說，我從他們的身

兩位愛徒，日高宣博師傅（右）
與高木康政師傅。

如果愛惜使用，這些工具可以使用一輩子。大山師傅常用的抹刀。

上學到更多。超越所謂的師徒立場，彼此成為互相了解的知己，大概是這樣的感覺吧！

■ 經驗是無價之寶

「糕點師傅」的頭銜聽起來滿不錯的，但我認為自己是個「做糕點的職工」，也就是隱身幕後的演出者——不出現在舞台上，主要的工作就是讓顧客展露笑靨。也可說是為了聽到顧客一句「好漂亮！真好吃！」而堅守著這份工作。

為了聽到這樣的讚美之詞，糕點職工必須具備各式各樣的經驗，若毫無經驗就難以有所表現。因此，要經常去看、去了解、去吃，親身體驗各種事物。而靈活變通也很重要，這關係到是否懂得安排、按部就班做事。如果懂得安排，工作效率自然也會提升。要成為專業達人，效率是非常重要的關鍵；如今，我仍然很注意這點。我一定會將每天的經驗活用在工作上。因此，對糕點職工來說，經驗是無價之寶。另外，最重要的是身體健康。製作糕點是粗重的工作，光是要正確地理解味道，就必須有健康的身體。

■ 希望永遠追求原創

今後，我會以運用新鮮水果來製作糕點為主，希望將無窮的創意投注其中，而製作出得意的作品。但我不會因此滿足，只要活著一天就會堅持下去。在追求原創上，永遠不會有停歇的一天。

身為糕點職工，我希望堅持手工製作。法語有句話說：「la main par la main」，意思就是「心手相連」。我希望能一直從事這種傳達出手工製作優點的工作。

大師的頑心 2 浮世繪風格的富士山

「如果將這做成糕點，會是怎樣呢？」
據說，大山師傅所有創作的發想都是這樣來的。
這幅富士山就是這樣的創作之一，
他想以糕點來表現一幅鑲嵌著畫框的畫，
因此，腦海中浮現「以巧克力繪製浮世繪風格」的構思，
而繪製出紅色富士山。巧克力的質感、立體感，
將宏偉昂然的富士山描繪得淋漓盡致。
當然，畫框也是巧克力做成的。

第四章

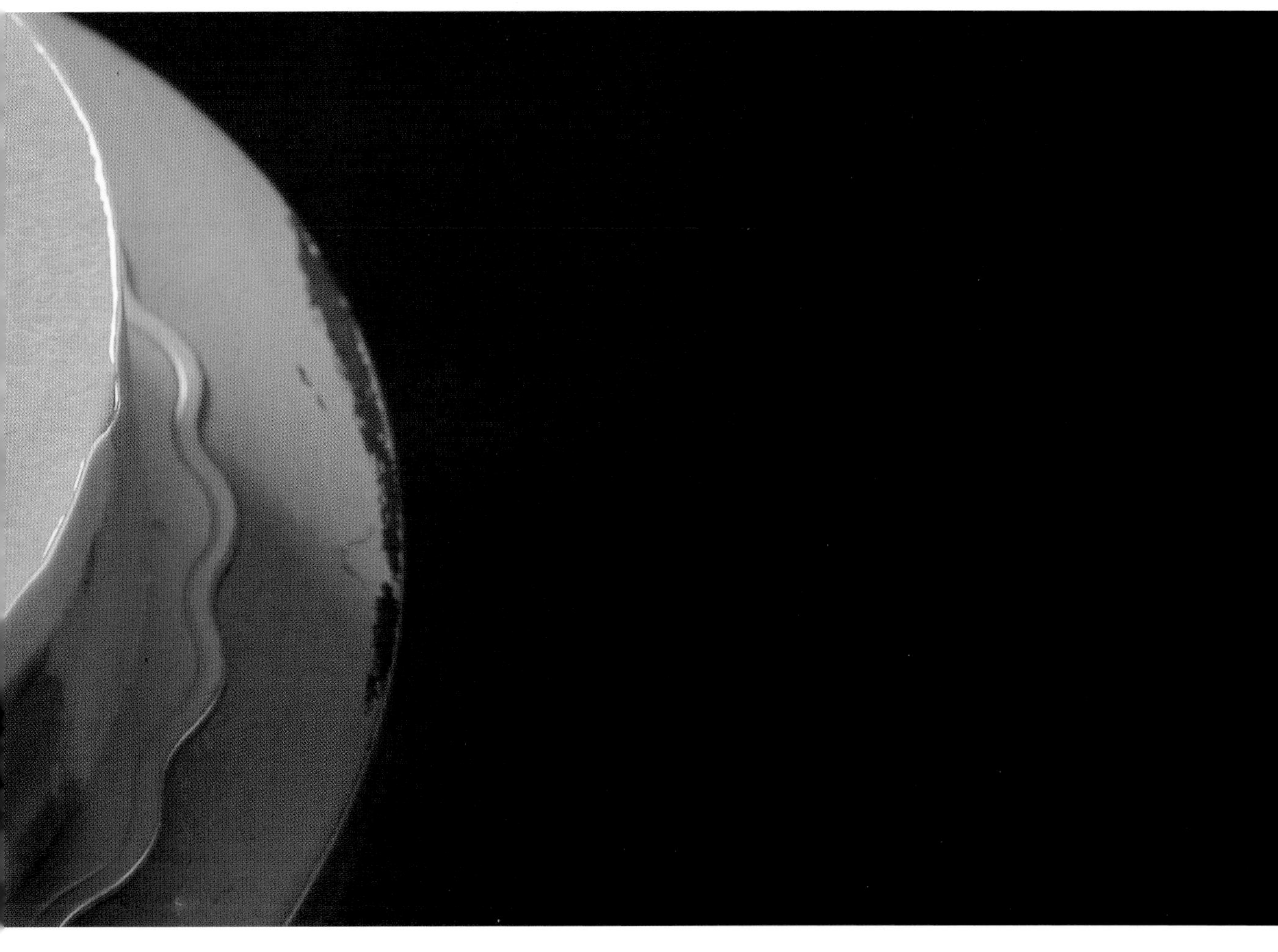

莫梅森的今日與未來

即使已經過了三十年的漫長歲月，大山師傅仍表示：「每日所做的事情都沒變。」從以往到現在，甚至將來，他堅守基本信念卻重視創意的想法始終不曾改變，並且，他也不曾忘記「想像品嚐糕點的人的感受來製作」。大山師傅的蛋糕重新教導我們「糕點是使人幸福的美食」！

白巧克力禮盒蛋糕 / Boîte Blanche

Boîte Blanche ／ 20×20× 高 15cm（一大塊）

白巧克力禮盒蛋糕

巧克力緞帶是視覺的焦點，
據說，這款蛋糕造型是希望看起來像包裝精美的禮盒。
切開這個可以襯托緞帶之美的白色禮盒時，
出現了更有趣的畫面——美味的內餡層層相疊。
第一印象的衝擊、切開時的驚喜，
在在傳達出糕點師傅希望品嚐者「愉悅」的心意。

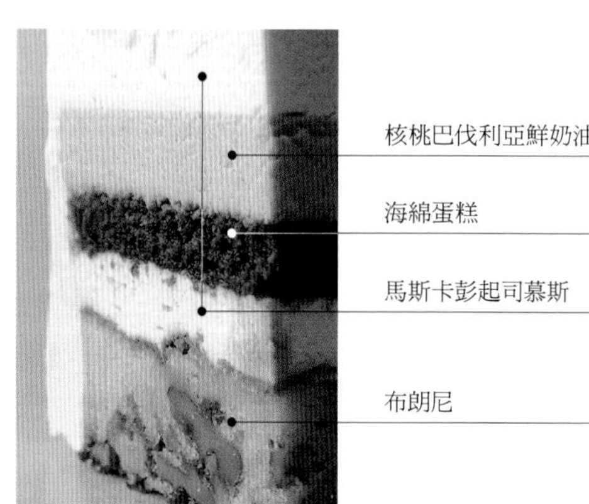

海綿蛋糕

材料．作法

參見 P.21 的草莓千層派。
切成 15×15× 厚 1.5cm 的尺寸。

布朗尼（brownie）

材料

白巧克力　65g
核桃　80g
奶油（無鹽）　80g
糖粉　70g
轉化糖　5g
鹽　1g
全蛋　90g
低筋麵粉　30g

作法

1　將白巧克力切碎後放入盆裡，隔水加熱融化。將核桃也切碎備用。

2　在另一盆裡放入奶油，以打蛋器打至乳霜狀。加入糖粉拌勻，再將轉化糖、鹽、打散的蛋及作法 **1** 的巧克力加入拌勻，並加入過篩的低筋麵粉，快速攪拌至滑順。

3　加入核桃拌勻，倒入烤盤中成 15×15× 厚 1.5cm 的大小，放入 180℃ 的烤箱中烤 25 分鐘。

糖漿

材料

糖漿　200mℓ

咖啡精　20mℓ

萊姆酒　10mℓ

水　50mℓ

作法

全部混合在一起拌勻。

核桃巴伐利亞鮮奶油

材料

牛奶　100mℓ

蛋黃　2個

砂糖　20g

吉利丁片　2g

核桃醬　40g

已打發的鮮奶油（乳脂成分38%）100g

作法

1　在鍋裡放入牛奶，置於爐火上加熱。

2　在盆裡放入蛋黃和砂糖，以打蛋器充分打勻。泡沫一變雪白，就慢慢加入熱好的牛奶拌勻。

3　將作法**2**倒回鍋裡，開小火，不時地攪拌。加熱至83℃，一變泥狀就關火。接著，加入擠去水分的吉利丁拌勻後融化，以濾網過篩後放涼。

4　當作法**3**冷卻後變黏糊狀時，加入核桃醬拌勻，再混入已打發的鮮奶油，拌勻。接著，倒入長寬15cm厚1.5mm的四方形烤模中，放入冰箱冷凍。

馬斯卡彭起司慕斯

材料

砂糖　140g

水　50mℓ

蛋黃　70g

吉利丁片　15g

馬斯卡彭起司　500g

已打發的鮮奶油（乳脂成分38%）400g

作法

1　在鍋裡放入砂糖和水，置於爐火上熬煮至120℃，製作糖漿。

2　在盆裡放入蛋黃，將作法**1**的糖漿慢慢加入，以攪拌器打發。

3　將糖漿全部加入，打發至盆摸起來不熱為止。

4　加入擠去水分的吉利丁，以濾網過篩，再加入馬斯卡彭起司拌勻。然後將已打發的鮮奶油加入充分拌勻。

▶ 完成

完成用材料

白巧克力噴霧器、巧克力緞帶

作法

1　將馬斯卡彭起司慕斯倒入烤模後，放入冰箱冷凍。

2　盛裝事先冷凍好的核桃巴伐利亞鮮奶油。將海綿蛋糕兩面塗上糖漿，疊放在上面。

3　倒入馬斯卡彭起司慕斯，以布朗尼覆蓋，將表面抹平後，放入冰箱冷凍。

4　倒扣烤模，取出蛋糕，以白巧克力噴霧器噴於表面，上面再裝飾巧克力緞帶。

栗子巧克力 / Marron Chocolat

Marron Chocolat ／直徑 15× 高 4.5cm 的圓型烤模（一大塊）

栗子巧克力

在莫梅森的展示櫃中格外顯得高尚典雅的，
就是這款淋上光亮巧克力淋醬的栗子巧克力蛋糕。
不論餡料或裝飾，全都大量使用了糖漬栗子，
予人秋天栗子熟成的印象。
其中的慕斯更使用高可可成分的巧克力，強調出苦味，
與栗子焦糖烤布蕾（crème brûlée）的甜蜜，形成強烈的對比。

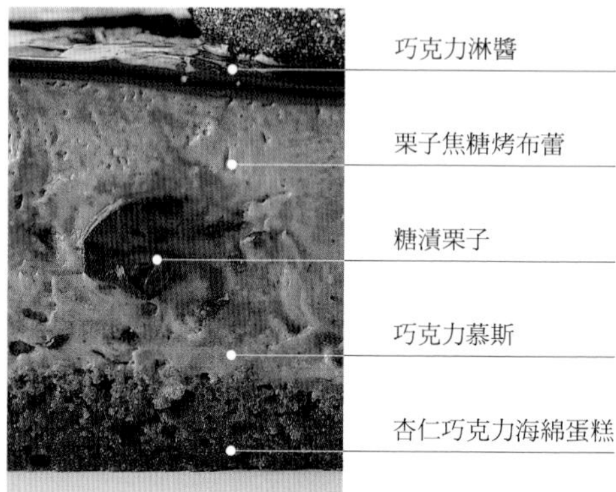
巧克力淋醬
栗子焦糖烤布蕾
糖漬栗子
巧克力慕斯
杏仁巧克力海綿蛋糕

杏仁巧克力海綿蛋糕（genoise amande chocolat）

材料

全蛋　4 個
砂糖　125g
低筋麵粉　80g
杏仁粉　20g
可可粉　20g
融化的奶油　25g

作法

作法參見P.21的草莓千層派的「海綿蛋糕」。在作法**3**，將杏仁粉、可可粉與低筋麵粉一起加入。

栗子焦糖烤布蕾
(crème brûlée aux marron)

材料

牛奶　100mℓ
蛋黃　2個
砂糖　20g
栗子醬　100g
鮮奶油（乳脂成分38%）　100mℓ
栗子酒　20mℓ

作法

1　在鍋裡倒入牛奶，置於爐火上加熱。

2　在盆裡放入蛋黃和砂糖，以打蛋器拌勻，再將作法**1**慢慢加入其中拌勻。倒回鍋裡，置於爐火上，加熱至83℃。

3　在盆裡放入栗子醬、鮮奶油、栗子酒等拌勻，再加入作法**2**充分拌勻。

4　倒入直徑12cm的烤模中，放入冰箱冷凍。

巧克力慕斯

材料

黑巧克力（可可成分55%）　75g
黑巧克力（可可成分70%）　25g
牛奶　125mℓ
蛋黃　3個
砂糖　40g
吉利丁片　3g
已打發的鮮奶油（乳脂成分38%）250g

作法

1　將所有的巧克力切碎放入盆裡。在鍋裡倒入牛奶，置於爐火上加熱。

2　在另一個盆裡放入蛋黃和砂糖，以打蛋器打至順滑，將作法**1**的牛奶慢慢加入混合。接著，加入泡開的吉利丁使之融化，再加入裝有巧克力的盆裡拌勻。以濾網過篩，與已打發的鮮奶油拌勻。

巧克力淋醬

材料・作法

參見P.53的劇院蛋糕。

▶ 完成

完成用材料

糖漬栗子、巧克力

作法

1　在烤模底部鋪上杏仁巧克力海綿蛋糕，將巧克力慕斯擠入烤模中約四分之一高度。

2　將糖漬栗子清洗後排好，再將已冷凍的焦糖烤布蕾置於中央。接著，擠入巧克力慕斯填滿整個烤模，將表面抹平，放入冰箱冷凍。

3　將作法**2**從烤模中取出，淋上巧克力淋醬，以糖漬栗子和巧克力作裝飾。

紅橙巧克力慕斯蛋糕 / Orange Sanguine Chocolat

杏仁海綿蛋糕

材料・作法

參見 P.52 的劇院蛋糕

巧克力慕斯

材料

牛奶　100mℓ
蛋黃　2 個
砂糖　15g
吉利丁片　2g
黑巧克力（可可成分 70%）　60g
黑巧克力（可可成分 55%）　20g
已打發的鮮奶油（乳脂成分 38%）150g

作法

作法參見P.107的焦糖巧克力蛋糕。最後在直徑15cm的圓形蛋糕模裡，鋪上保鮮膜後，倒入材料，放入冰箱冷凍備用。

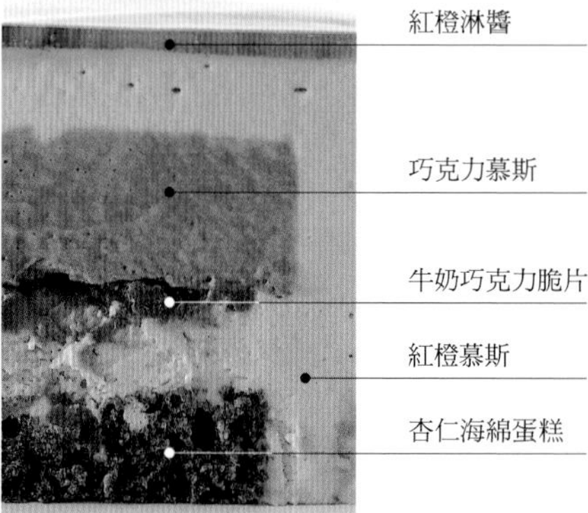

Orange Sanguine Chocolat ／ 直徑 18× 高 4.5cm 的圓型烤模（一大塊）

紅橙巧克力慕斯蛋糕

不使用草莓，仍展現出夏天蛋糕的新鮮紅色。
這款予人鮮紅印象的紅橙慕斯，
採用了近年來經常用到的製作手法。
與柳橙非常搭調的就是巧克力。
混合了高成分可可的巧克力，甜而不膩。
慕斯當中以脆片來增添清脆口感，
從未有過的意外口感組合，
如今也是決定糕點美味的重大要素。

牛奶巧克力脆片
（feuillantine chocolat lactee）

材料

牛奶巧克力　40g

脆片＊　20g

＊以麵粉、奶油、砂糖、蛋白薄燒成如煙捲般的材料。

作法

在盆裡放入切碎的牛奶巧克力，隔水加熱融化；再將脆片弄碎，加入混合，薄鋪成15cm的圓形後，放入冰箱冷凍。

紅橙慕斯

材料

紅橙醬　120mℓ

柳橙醬　20mℓ

蛋黃　1個

砂糖　30g

吉利丁片　5g

奶油（無鹽）　30g

君度橙酒（Cointreau）　15mℓ

已打發的鮮奶油（乳脂成分38％）200g

作法

1　在盆裡放入蛋黃和砂糖，以打蛋器打至順滑。

2　將果醬放入鍋裡加熱，加入作法**1**混合，並加熱至83℃後離火。接著，加入擠去水分的吉利丁，用濾網過篩後，加入奶油和君度橙酒拌勻。

3　加入已打發的鮮奶油，拌勻。

紅橙淋醬
（glacage orange sanguine）

材料

透明果凍膠　200g

紅橙醬　100mℓ

君度橙酒　20mℓ

作法

將所有材料加在一起混合均勻。

▶ 完成

完成用材料

紅橙醬、巧克力、裝飾用巧克力

作法

1　在直徑18cm的圓型烤模裡，鋪一片切成直徑15cm的杏仁海綿蛋糕，將紅橙慕斯擠入至1cm深。

2　放入冷凍過的牛奶巧克力脆片後抹平，將冷凍好的巧克力慕斯從烤模中取出放在上面。再擠滿紅橙慕斯，放入冰箱冷凍。

3　以刷子沾少許紅橙醬和巧克力，在表面刷出花紋，再將整個蛋糕淋上透明果凍膠，並裝飾巧克力。

方形巧克力蛋糕 / Carré Chocolat

Carré Chocolat ／ 18×18× 高 4.5cm 的烤模（一大塊）

方形巧克力蛋糕

這款蛋糕的原始創意來自大山師傅，
他表示：「雖然是層層堆疊而成，
但蛋糕表面並沒有凹凸不平，一旦做成，會相當有趣。」
在烤模底部放幾個小點心蛋糕模，再倒入麵料，
如此漂亮地完成了表面有洞穴的蛋糕。
周邊的四個螺絲帽，是將巧克力倒入螺絲型烤模中做成的。
栓上有稜有角的螺絲造型，真是嶄新、獨一無二的蛋糕啊！

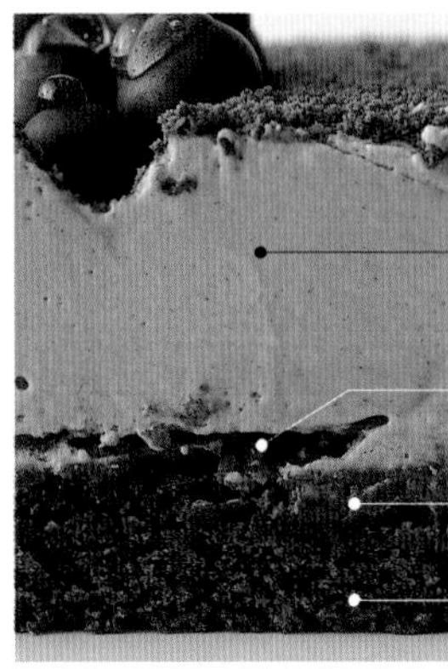

巧克力吉涅司
(Pain de Gênes chocolat)

材料

杏仁粉　90g
糖粉　90g
全蛋　80g
蛋黃　40g
蛋白　40g
砂糖　20g
玉米粉　30g
可可粉　20g
融化的奶油　80g

作法

1　將杏仁粉、糖粉一起過篩到盆裡。加入已打散的蛋和蛋黃充分拌勻，並打發至以打蛋器撈起會如絲綢般光滑地緩緩流下。

2　在另一盆裡放入蛋白，一邊將砂糖慢慢地加入，一邊打發至硬性發泡。

3　將玉米粉和可可粉一起過篩，加入作法**1**中充分拌勻。接著加入作法**2**，並將融化的奶油快速加入拌勻，倒入36×36cm的烤模中，在180℃的烤箱中烤30分鐘。

堅果脆片
(praline feuillantine)

材料

牛奶巧克力　30g

堅果醬　30g

脆片＊　30g

＊以麵粉、奶油、砂糖、蛋白薄燒成的如煙捲般的材料。

作法

在盆裡放入切碎的巧克力，隔水加熱融化後，與堅果醬拌勻。接著，將脆片弄碎後加入，擀平，放入冰箱冷凍。

超濃莓果醬
(ganache aux fruits)

材料

黑巧克力（可可成分 55%）　50g

鮮奶油（乳脂成分 38%）　30mℓ

莓果泥　30g

作法

將巧克力切碎後放入盆裡。在鍋裡放入鮮奶油後，加熱至煮沸前，然後加入裝有巧克力的盆裡。當巧克力融化時，加入莓果泥，放涼。

堅果巧克力慕斯

材料

牛奶巧克力　100g

牛奶　125mℓ

蛋黃　3個

砂糖　30g

吉利丁片　3g

堅果醬　50g

已打發的鮮奶油（乳脂成分 38%）250g

作法

1　將巧克力切碎備用。在鍋裡倒入牛奶熬煮。

2　在另一盆裡放入蛋黃和砂糖混合，將作法**1**的牛奶慢慢加入混合，接著倒回鍋裡加熱至83℃。

3　加入擠去水分的吉利丁，以及切碎的巧克力和堅果醬一起融化。

4　當冷卻至40℃左右，即加入已打發的鮮奶油拌勻。

▶ 完成

完成用材料

塗烤模用的奶油、黑巧克力 150g

可可油（cocoa butter）100g、喜歡的水果

作法

1　在烤模內薄塗一層奶油，將小點心蛋糕模四處散放。

2　倒入堅果巧克力慕斯至烤模一半的高度，鋪一層堅果脆片。擠入超濃莓果醬，再盛裝巧克力吉涅司後，放入冰箱冷凍。

3　從烤模中取出蛋糕，噴上巧克力和可可油，用水果將凹洞填滿作裝飾。

香檳蛋糕 / Champagne

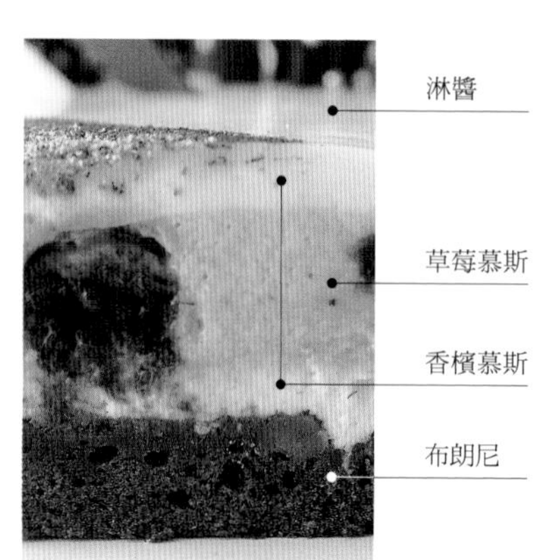

Champagne ／ 28×19× 高 4cm 的烤模（一長條）

香檳蛋糕

有人下訂說：「請做出適合慶祝或宴會的豪華蛋糕。」
因而完成這款令人聯想到香檳的蛋糕。
由於難以將香檳的味道、氣泡的感覺鎖在蛋糕裡，
所以大手筆使用干邑白蘭地營造氣氛。
不論白巧克力、草莓，都與香檳非常搭調。
以巧克力仿造的氣泡，在蛋糕上搖曳著。

布朗尼

材料・作法

參見 P.120 的白巧克力禮盒蛋糕。這裡是用黑巧克力（可可成分 55％）取代白巧克力。

草莓慕斯（mousse fraise）

材料

草莓醬　100mℓ
糖漿　30mℓ
吉利丁片　4g
檸檬汁　少許
草莓栗鮮奶油　30mℓ
已打發的鮮奶油（乳脂成分 38％）160g
義式蛋白霜＊　30g
覆盆子、草莓果醬　各適量

＊材料・作法參見 P.25。

作法

1　在鍋裡放入草莓醬和糖漿，置於爐火上。一變溫熱就關火，加入擠去水分的吉利丁，以濾網過篩。接著，加入檸檬汁和草莓栗鮮奶油後，放涼。

2　加入已打發的鮮奶油、義式蛋白霜充分拌勻，並倒入2cm厚的烤模中。

3　加入覆盆子和草莓果醬後，放入冰箱冷凍即可。

香檳慕斯

材料

蛋黃　3個
砂糖　30g
白酒（烈酒）　150mℓ
檸檬汁　15mℓ
鮮奶油（乳脂成分38%）　40mℓ
吉利丁片　5g
頂級香檳（Fine Champagne）*　30mℓ
已打發的鮮奶油（乳脂成分38%）　190g

*只使用特定區域採收的葡萄所釀製的干邑白蘭地。

作法

1　在盆裡放入蛋黃和砂糖，打至順滑。

2　在鍋裡放入白酒、檸檬汁、鮮奶油加熱。加入作法**1**後，加熱至83℃，再加入擠去水分的吉利丁，以濾網過篩。

3　加入頂級香檳混合，待盆摸起來不熱時，即加入已打發的鮮奶油拌勻。

淋醬

材料

鮮奶油（乳脂成分38%）　100mℓ
牛奶　100mℓ
麥芽糖　60g
吉利丁片　4g
白巧克力　200g

作法

1　在鍋裡放入鮮奶油、牛奶、麥芽糖，置於爐火上。一煮開就關火，加入擠去水分的吉利丁。

2　在盆裡放入切碎的白巧克力，將作法**1**趁熱以濾網過篩後，加入融化。

▶ 完成

完成用材料

裝飾用巧克力、糖粉、真空冷凍乾燥技術做成的草莓粉

作法

在烤模底部鋪上布朗尼，加入少許的香檳慕斯後，盛裝冷凍好的草莓慕斯。再將香檳慕斯倒滿整個烤模後抹平，放入冰箱冷凍。等材料一凝固，就淋上淋醬，並以巧克力、糖粉等作裝飾。

草莓開心果蛋糕 / Fraise Pistache

Fraise Pistache ／直徑 15cm 圓型（一大塊）

草莓開心果蛋糕

儘管蛋糕表面可以看見草莓的剖切面，但這並非將烤模倒扣所形成的。
大山師傅表示，就是要讓人疑惑「不知是怎麼做出來的？」
其實，草莓是從慕斯上方塞進去的，
等慕斯凝固之後，就將草莓凸出部分切掉。
在草莓與開心果慕斯之間，
夾著與兩者口感都很契合的櫻桃巴伐利亞鮮奶油，
將所有味道融合在一起。

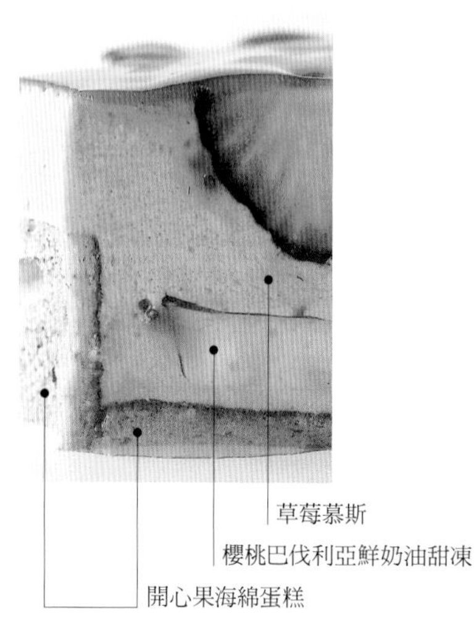

草莓慕斯
櫻桃巴伐利亞鮮奶油甜凍
開心果海綿蛋糕

開心果海綿蛋糕（biscuit pistache）

材料

開心果粉　110g
糖粉　65g
低筋麵粉　30g
全蛋　3個
蛋白　120g
砂糖　60g
開心果（剖半）　適量

作法

1　將開心果粉、糖粉、低筋麵粉一起過篩放入盆裡。加入已打散的蛋，並以打蛋器打發至撈起時會如絲綢般光滑地緩緩流下。

2　在另一盆裡放入蛋白，一邊將砂糖慢慢地加入，一邊打發至硬性發泡。

3　將作法**2**加入作法**1**中迅速拌勻。在烤盤上將麵料擀平後，鋪滿剖半的開心果，放入200℃烤箱中烤約15分鐘。

櫻桃巴伐利亞鮮奶油甜凍（bavarois eau kirsch）

材料

牛奶　100mℓ

蛋黃　1個

砂糖　20g

吉利丁片　2g

櫻桃甜酒　30mℓ

已打發的鮮奶油（乳脂成分38%）100g

作法

1　在鍋裡放入牛奶，置於爐火上加熱。

2　在盆裡放入蛋黃和砂糖，以打蛋器打至順滑，將作法**1**慢慢加入拌勻。

3　將作法**2**倒回鍋裡，加熱至83℃，一出現糊狀就關火。接著，加入擠去水分的吉利丁拌勻、融化，並以濾網過篩至盆裡，冷卻後備用。

4　當作法**3**冷卻後變黏稠，即加入櫻桃甜酒，再加入已打發的鮮奶油拌勻。

5　倒入直徑12cm的圓型烤模中，放入冰箱冷凍。

草莓慕斯（mousse fraise）

材料

草莓醬　150mℓ

糖粉　30g

吉利丁片　2g

檸檬汁　10mℓ

草莓栗鮮奶油(可以櫻桃甜酒取代）5mℓ

已打發的鮮奶油（乳脂成分38%）200g

作法

1　在鍋裡放入50mℓ的草莓醬與糖粉，置於爐火上融化。接著關火，加入擠去水分的吉利丁使之融化，再倒入裝有剩餘草莓醬的盆裡。

2　加入檸檬汁、甜酒混合，最後將已打發的鮮奶油加入拌勻。

▶ 完成

完成用材料

草莓醬、果凍膠、裝飾用巧克力

作法

1　將開心果海綿蛋糕鋪在烤模的底部，側面也貼一圈至烤模的一半高度。

2　將草莓慕斯倒至烤模一半的高度，正中央放入冷凍好的櫻桃巴伐利亞鮮奶油甜凍，再將剩下的草莓慕斯倒滿整個烤模。

3　將草莓的尖端朝下插入，放入冰箱冷藏一下使之固定。

4　用刀子切掉草莓凸出來的部分，並塗上混有草莓醬的果凍膠，再以巧克力作裝飾即完成。

Tarte Tatin ╱ 直徑 18cm 圓型烤模(一大塊)

反烤蘋果塔

反烤蘋果塔原本只用蘋果來製作，
這裡不僅加了洋梨，連柿子也拿來當材料，烤出獨特的法式焦糖蘋果塔。
雖然作法和一般蘋果塔一樣，外觀看起來也沒多大的不同，
然而一入口，就能感受到它與眾不同的口感和風味，
甚至，依品嚐的環境不同，嚐起來的味道也很不一樣。
此外，還能令人愉悅地享受到水果交融在一起那種超乎想像的美味。

千層酥派皮
(Pâte feuilletée)

材料・作法

參見 P.60 的蝸牛泡芙。

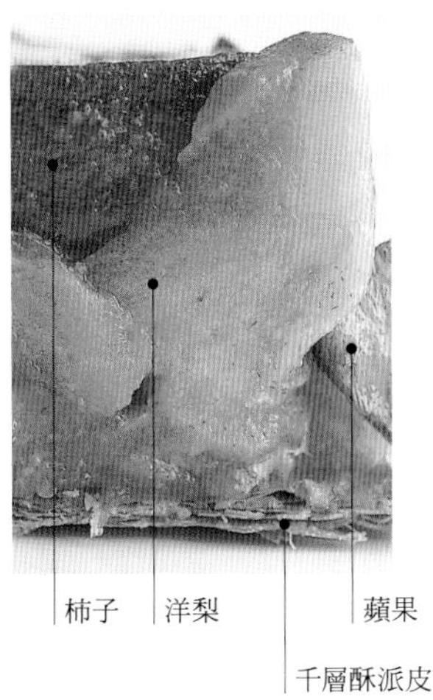

柿子 洋梨 蘋果
千層酥派皮

▶ 完成

完成用材料

蘋果、洋梨、柿子、奶油、砂糖、檸檬汁、糖粉

作法

1 將蘋果、洋梨削皮，縱切成四等分，去除果核。柿子也削皮，切成四等分，並摘除蒂和種子。

2 在烤盤上鋪上烘焙專用墊，將作法**1**的水果盛裝在上面，平均撒上奶油後，再撒上砂糖，淋上檸檬汁，在180℃的烤箱中烤至柔軟。

3 將千層酥派皮切成直徑18cm的圓形，在180℃的烤箱中烤25分鐘。在烤好前，撒上糖粉，並將烤箱溫度調至250℃，烤出光滑表面。

4 將烤好的三種水果緊實地排列在口寬底略窄的圓型烤模中，再鋪上烤好的作法**3**。

5 倒扣烤模，取出水果塔，並撒上砂糖，以烙鐵燒出焦黃色。接著，再撒上一次糖粉，並以烙鐵燒烤一下。

TASTE・賞味01

法式甜點完全烘焙指南（暢銷精裝版）

作　　者／大山榮藏
譯　　者／夏淑怡
發 行 人／詹慶和
總 編 輯／蔡麗玲
執行編輯／李佳穎
封面設計／陳麗娜
美術編輯／陳麗娜・周盈汝・翟秀美
內頁排版／造　極
出 版 者／雅書堂文化
郵撥帳號／18225950
戶名：雅書堂文化事業有限公司
地　　址／220新北市板橋區板新路206號3樓
電　　話／(02)8952-4078
傳　　真／(02)8952-4084
網　　址／www.facebook.com/pages/雅書堂/132005756864228
電子郵件／elegant.books@msa.hinet.net

日文原書製作團隊
藝術指導——昭原修三
設計——酒井由加里（昭原design office）
攝影——今清水隆宏
校對——白土章（ケイズoffice）
協力攝影——日高宣博・高木康政・本橋雅人・鷺內宣成・大山悅功・平松早苗
MALMAISON staff——金子沙織・廣川聰美・成瀨英樹・多忠裕・三木宏泰・富澤直人・西原令子
採訪記者——岩上カヲル
編輯——武富葉子・安倍美和子(NHK出版)
協力編輯——伊藤友希子・丸山秀子

MARUMEZON NO YOUGASHI

Original Japanese edition published in Japan by Japan Broadcast Publishing Co., Ltd.
Chinese (in complex character) translation rights arranged with Japan Broadcast Publishing Co., Ltd. through Keio Cultural Enterprise Co., Ltd.

總　經　銷／朝日文化事業有限公司
進退貨地址／235新北市中和市橋安街15巷1號7樓
電　　　話／02-2249-7714
傳　　　真／02-2249-8715

2015年8月二版一刷　定價 480元

關於作者

大山榮藏

一九四九年生於日本埼玉縣。香川營養專門學校畢業後，在該校擔任製糕點助手。曾在六本木的「A.Lecomte」工作兩年，於一九七一年前往法國。在杜爾市（Tours）的「安德烈・伊凱（音譯）」工作後，進入瑞士的柯巴（Coba）製糕點學校就讀。曾在巴黎的「Mauduit」、「Chaton」、「雅典娜廣場飯店（Hotel Plaza Athenee）」學習。回國後，於一九七七年在東京成城開設「莫梅森」。一九九二年在世田谷區松原開了赤堤分店，二〇〇〇年將成城的「莫梅森」搬遷到現在的地點。現今，除了擔任財團法人日本西式糕點協會聯合會常務理事及技術指導部委員長、聖德大學客座教授外，還在烹飪學校等地方努力地培育後進。

國家圖書館出版品預行編目資料

法式甜點完全烘焙指南 / 大山榮藏著. 夏淑怡譯.
-- 二版. -- 新北市 : 雅書堂文化, 2015.08
面； 公分. -- (Teaste.賞味 ;1)
ISBN 978-986-302-263-3 (精裝)
1. 點心食譜
427.16　　104012423